U0610953

On Fear

论恐惧

［印度］克里希那穆提 —— 著 Sue —— 译

九 州 出 版 社
JIUZHOUPRESS｜全国百佳图书出版单位

图书在版编目（CIP）数据

论恐惧 ／（印）克里希那穆提著 ；Sue译. -- 北京 ：
九州出版社，2024.2
ISBN 978-7-5225-2642-3

Ⅰ．①论… Ⅱ．①克… ②S… Ⅲ．①恐惧－通俗读物
Ⅳ．①B842.6-49

中国国家版本馆CIP数据核字（2024）第053474号

版权合同登记号：图字01-2023-2318号
Copyright © 1995 Krishnamurti Foundation Trust, Ltd. and Krishnamurti
Foundation of America
Krishnamurti Foundation Trust Ltd.,
Brockwood Park, Bramdean, Hampshire, SO24 0LQ, England.
E-mail: info@kfoundation.org Website: www.kfoundation.org
And
Krishnamurti Foundation of America
P.O. Box 1560, Ojai, California 93024 USA
E-mail: kfa@kfa.org. Website: www.kfa.org
想要了解克里希那穆提的更多信息，请访问：www.jkrishnamurti.org。

论恐惧

作　　者	［印度］克里希那穆提 著　Sue　译
责任编辑	李文君
出版发行	九州出版社
地　　址	北京市西城区阜外大街甲 35 号（100037）
发行电话	（010）68992190/3/5/6
网　　址	www.jiuzhoupress.com
印　　刷	三河市东方印刷有限公司
开　　本	880 毫米 ×1230 毫米　32 开
印　　张	5.625
字　　数	100 千字
版　　次	2024 年 5 月第 1 版
印　　次	2024 年 5 月第 1 次印刷
书　　号	ISBN 978-7-5225-2642-3
定　　价	48.00 元

恐惧是存在的，但它从来都不真实，它的出现要么先于要么后于活跃的当下。如果恐惧存在于活跃的当下，它还成其为恐惧吗？它就在那里，不存在对它的任何逃离、任何回避。在那里，在那真实的当下一刻，在身体或心理危险出现的那一刻，对它全然关注。当全然的关注存在，恐惧便不存在。但漫不经心这一事实则会滋生恐惧。当存在对事实的回避或抗争，恐惧便会生起，此时那逃离本身便是恐惧。

——《克里希那穆提笔记》

印度金奈克氏印度基金会大门

印度金奈的阿迪亚尔海滩

What is important, it seems to me, is to be constantly in a state of learning, never for a moment to be asleep because you have got used to things or because you already know about something or other, so that your mind is always alive, moving, searching, asking, demanding, inquiring. In that way, as one grows older, life becomes extraordinarily rich. You may have little money, only a simple house, but if your mind and your heart are tremendously active, then you are far richer than anybody on earth, for then you have a sensibility, a freshness, a tremendous sympathy and affection.

RV 631220

"Philosophic fads came and went; Krishnamurti endured"...

This very perceptive remark about the life and teachings of J. Krishnamurti, the great philosopher and religious teacher of the 20th century, is equally applicable to the great volume of his published books. For more than half a century, they have never been off the shelves of serious bookstores and libraries. Which is also a testimony to the fact that he has always—then and now—continued to live in the hearts and minds of the millions of readers whose lives he touched with his infinite insights and boundless compassion.

j krishnamurti

Meticulously edited, elegantly designed, and moderately priced, his books consist of his talks, writings, dialogues, diaries, and so on—a veritable treasure-house if you are one of those trying to unravel the complexity of life, seeking not quick-fix solutions but abiding wisdom.

Krishnamurti Foundation India, the chief publisher of his works in India, wishes you many hours of transformative reading.

For more details, visit www.kfionline.org.

To go out alone, to sit under a tree and observe the falling of a leaf, hear the lapping of the water, the fisherman's song, watch the flight of a bird, and of your...

印度金奈克氏印度基金会书店一角

5

印度班加罗尔山谷学校的暮色

在印度浦那的萨亚德里学校远眺

出版说明

自克里希那穆提的作品被引入中国以来，他的读者不断增加，影响力日渐扩大。克氏言简意深的语言风格，犀利敏锐的洞察力，打动了许多读者的心灵。

克里希那穆提一生在世界各地传播他的智慧，他的思想魅力吸引了世界各地的人们，但是他坚持宣称自己不是宗教权威，拒绝别人给他加上"上师"的称号。他教导人们进行自我觉察，了解自我的局限以及宗教、民族主义狭隘性的制约。他指出打破意识束缚，进入"开放"极为重要，因为大脑里广大的空间有着无可想象的能量，而这个广大的空间，正是人的生命创造力的源泉所在。他提出：我只教一件事，那就是观察你自己，深入探索你自己，然后加以超越。你不是去听从我的教诲，你只是在了解自己罢了。他的思想，为世人指明了东西方一切伟大智慧的精髓——认识自我。

《论恐惧》一书收录了克里希那穆提在不同时期关于"恐惧"这一主题的论述。原英文版编者仅拟定了书名，此次出版考虑到读者阅读的便利，我们根据每篇文章的核心内容，一一拟定了文章标题。本书曾于 2016 年于我社出版，此次新版，修订了一些错误，更新了封面，以带给读者更好的阅读体验。

九州出版社历年来出版了一系列克里希那穆提的作品，包括《克里希那穆提集》以及克氏独立成册的作品，如《教育就是解放心灵》《唤醒能量》《爱与寂寞》《最初的最终的自由》《与生活相遇》等共计几十个不同的品种。近期，我社将有一些克氏的新书陆续上架，敬请读者继续关注。

印度是克氏的出生地，他在印度也留下了许多足迹，在金奈和浦那等风景清幽的地方，建有克里希那穆提基金会和学校。为使读者身临其境，一睹其风貌，我们获得冥思坊的授权，从他们拍摄的图片中选取了一些照片作为前插，在此表示感谢。

九州出版社

目录

前　言

　　吉度·克里希那穆提 1895 年出生于印度，13 岁时被"通神学会"（The Theosophical Society）领养，后者之前已经预言了"世界导师"（world teacher）的到来，认为克里希那穆提即是"世界导师"的载体。克里希那穆提很快便成为一名强大有力、毫不妥协而又无法被归类的导师，他的讲话和著作与任何特定的宗教都毫无关联，既不属于东方，也不属于西方，而是属于全世界。克里希那穆提坚拒被冠以救世主的形象，并于 1929 年骤然解散了那个围绕他建立起来的庞大而富有的组织，同时宣称真理是"无路之国"，借助任何形式化的宗教、哲学或者派别都无法到达。

　　此后的一生，克里希那穆提始终拒绝接受别人试图强加给他的古鲁[①]地位。他不断吸引着来自全世界的庞大听众，却从不宣称自己是

---

　　①　古鲁，即大师。——中文版编者

权威，也不想要任何门徒，而是始终作为一个个人在与他人对话。他教诲的核心即是教导人们领悟这一点：社会的根本改变只能通过个人意识的转变来实现。他时常强调自我认识的必要性，强调需要对宗教和民族主义的制约所产生的局限和分裂性影响加以了解。克里希那穆提不断指出保持开放的紧迫性，指出我们迫切需要"大脑中那个有着不可思议能量的广袤空间"。而这似乎正是他自身创造力的源泉，也是他对世界上如此广大的人群产生催化剂般影响的关键所在。

克里希那穆提在世界各地持续进行演讲，直至 1986 年去世，享年 90 岁。他的讲话、对谈、日记和信件在 60 余册书籍和数百卷录音带中得以保存。这套主题丛书就是从他浩瀚的教诲中采集汇编而成的，其中的每一册都集中讲述了一个与我们的日常生活息息相关而又十分紧迫的话题。

倾听恐惧的声音

我们一起来深入探讨恐惧这个问题。但是在我们开始探讨之前，我想我们应该先来学习倾听的艺术。如何倾听，不只是倾听讲话者，还要倾听那群乌鸦，倾听噪音，倾听你最喜爱的音乐，倾听你的妻子或丈夫。因为，如果我们不去真正地倾听他人，我们就只会漫不经心地随便听听，然后得出某种结论，或者寻求一些解释，却从没有真正听到别人在说什么。我们总是在诠释他人所说的话。在我们一起深入探讨恐惧这个非常复杂的问题时，我们不要陷入太多的细节，而是要探究恐惧整体的运动，以及我们是如何了解它的，是从字面上理解了，还是真正懂得了它。对字词的理解，与对真实的恐惧状态的了解，两者是有差别的。我们非常容易将恐惧抽象化，也就是把恐惧变成一个概念。但是显然，我们从不倾听恐惧的声音，它本在讲述着自己的故事。接下来我们就一同来探讨这些问题。

——孟买，1982 年 1 月 30 日

过一种毫无攀比的生活

　　我们来问一问，人类在这个地球生活了数百万年，在技术方面无比睿智，为什么却没有运用他们的智慧来摆脱恐惧这个非常复杂的问题，而恐惧也许正是导致战争、导致人们自相残杀的肇因之一。全世界的宗教都没有解决这个问题；古鲁没有解决，救世主也没有解决，各种理想也无能为力。因此，显而易见，任何外在的力量都永远不可能解决人类的恐惧这个问题。

　　你在询问，你在审视，你在探究这整个恐惧的问题。也许我们已经如此习以为常地接受了恐惧的模式，以至于我们甚至都不想脱离它。那么，恐惧是什么？导致恐惧的促成因素有哪些？就如同很多条小溪流、小支流汇成了滔滔江河，带来恐惧的那些小细流是什么？它们拥有如此强大的恐惧的力量。恐惧的一个原因是比较吗？拿自己跟别人比较？显然是的。那么，你能否过一种不和任何人攀比的生活？你明白我说的话吗？当你将自己与他人比较，从意识形态上、从心理上，甚至从生理上，此时就存在一种想要变成那样的努力，存在一种你可能无法达成的恐惧。想要达成是你的愿望，而你也许偏偏无法达成。只要有比较，就必定会有恐惧。

因此，我们来问一问，有没有可能活着却没有一丝一毫的比较，从不比较，无论你是美是丑、是否漂亮，都绝不让自己努力去靠近某个理想、某种模式的价值观。这种比较一直在不停地发生着。我们问，那是恐惧的肇因之一吗？显然是的。而哪里有比较，哪里就必定会有遵从，必定会有仿效。所以我们说，比较、遵从和仿效是促成恐惧的因素。一个人能够内心毫无比较、仿效或遵从地生活吗？当然是可以的。如果那些是促成恐惧的因素，而你又关心恐惧的止息，那么内心就不要再有任何比较，也就是不再成为什么。比较的含义正是想要成为你认为更好、更高、更崇高之类的东西。所以比较就是成为。那是否也是恐惧的因素之一？你得自己去发现。接下来，如果这些都是因素，如果心看清了正是这些因素造成了恐惧，对此的那份觉知就会终止这些促成因素。如果身体上有个原因让你腹痛，发现了那个原因就可以终止那种疼痛。类似的，只要找到这个原因，就可以将它止息。

——欧亥，1982 年 5 月 8 日

面对真实的自己

生活中你最主要、最持久的关注点是什么？抛开各种拐弯抹角的回答，直截了当地、诚实地面对这个问题，你会如何作答？你知道吗？

难道不是你自己吗？不管怎样，这就是大部分人的回答，倘若我们诚实作答的话。我关心我的进步、我的工作、我的家庭、我所生活的那个小角落，我想得到更高的地位、威望、权势，以及对他人更大的支配权，等等。我想，"我"字当先——这便是我们大多数人最主要的兴趣所在，坦承这一点，是顺理成章的，不是吗？

我们中的有些人会说，主要关心自己是不对的。可是，除了我们很少正直地坦承这点以外，那又有什么不对呢？如果承认，我们会觉得相当羞耻。总之，事实便是如此——人最感兴趣的就是自己。而由于各种观念上的、传统的原因，人们认为那是错的。但是一个人怎么认为并不重要，那为什么还要引入"那是错的"这个看法？那不过是一个观点、一个概念罢了。事实就是：人基本上一直就是对自己最感兴趣。

你或许会说，帮助别人比为自己着想更令人满足。可那又有什么区别呢？你关心的依旧是自己。如果帮助别人带给你更多满足，你关心的还是什么会令你更满足。为何要引入意识形态上的观念？为何有这种双重思维？为何不直接说："我真正想要的就是满足，无论是性，是帮助别人，还是成为伟大的圣人、科学家或者政治家"？那都是同一个过程，不是吗？各种形式的满足，无论隐蔽还是明显，就是我们想要的。我们都说希望得到自由，那是因为我们以为自由或许能令人极度满足。当然了，最终极的满足便是"自我实现"这个古怪的想法了。我们实际上追求的就是没有任何不满的一种满足感。

我们大多数人都渴望在社会上拥有一席之地，因为我们害怕自己一无是处。社会的结构便是如此：位高权重的人即可享有无上礼遇，而没有地位的人则被呼来喝去。世上的每个人都希望获得某种地位，无论是社会地位、家庭地位，还是坐在上帝右手的地位，并且这个地位必须为他人所公认，否则就根本算不上地位了。我们必须始终端坐高台之上。由于内心满是悲伤与不幸的漩涡，因此被外界当作大人物会令我们非常满足。这种对地位、威望、权力的追求，在某方面被社会视为杰出人物的渴望，是为了主宰他人，而这种主宰的愿望正是侵略性的表现。寻求神圣地位的圣人所具有的侵略性，与农家庭院里争抢啄食的小鸡并无二致。而又是什么导致了这种侵略性？不正是恐惧吗？

恐惧是生命中最为庞大的问题之一。深陷恐惧之中的心，活在困惑与冲突当中，因此必定是暴力、扭曲以及颇具攻击性的。它不敢偏离自己的思维模式，而这导致了虚伪。除非我们摆脱了恐惧，否则即使爬上最高的山峰、发明出各路神明，我们仍将长久地滞留在黑暗当中。

我们活在如此腐朽、如此愚蠢的社会上，接受了充满竞争进而催生恐惧的教育，我们都背负着恐惧的重担。而恐惧这可怕的东西已将我们的日子变得扭曲、败坏而又阴郁。

我们确有身体上的恐惧，但那是从动物身上遗传下来的本能反应，而在这里，我们关注的是心理上的恐惧。因为，当我们看清了根深蒂固的心理恐惧，才有能力应对动物性的恐惧。反之，若是先处理动物性的恐惧，则绝无可能帮我们看清心理上的恐惧。

我们都对某种东西怀有恐惧，抽象的恐惧并不存在，恐惧总是与某个对象有关。你是否熟悉自己的恐惧——害怕丢掉工作，害怕食不果腹，害怕金钱匮乏，害怕邻居或公众对你的看法，害怕不能成功，害怕丧失社会地位，害怕遭人鄙视、受人讥笑，害怕痛苦与疾病，害怕被人主宰，害怕不知何为爱或是没人爱你，害怕失去妻子或孩子，害怕死亡，害怕活在一个死气沉沉、极端乏味的世界上，害怕辜负别人为你塑造的光辉形象，害怕失去信仰，诸如此类以及不计其数的其他恐惧——你熟悉自己那些特定的恐惧吗？你通常又会如何处置它们？你逃避它们，或是发明出各种理念和意象来掩盖它们，不是吗？然而逃避恐惧却只会令恐惧增强。

恐惧的一大肇因，即是我们不愿面对真实的自己。因此，除了各种恐惧本身，我们也必须审视为了消除恐惧我们所编织的逃避网络。只要心灵——包括头脑——试图克服恐惧，或是压抑它、约束它、控制它、转化它，就会造成摩擦和冲突，而冲突正是能量的浪费。

那么，我们首先要问自己的问题便是：什么是恐惧，以及它是如何产生的？我们所说的"恐惧"一词，本身是何含义？我现在问自己的，是何为恐惧，而非我恐惧的对象是什么。

我过着某种生活，我以某种模式思考，我抱持某些信仰与教条，我不希望这些生活模式受到打扰，因为我扎根于其中。我不希望它们受到打扰，因为打扰会带来一种未知状态，我不喜欢那样。如果我熟悉与相信的一切都要被剥离，我便需要对自己将要去到的境界，有相当确定的把握。所以说脑细胞塑造了一个模式，同时拒绝建立另一个或许不太确定的模式。从确定性到不确定性的那种运动，就是我所谓的"恐惧"。

此刻坐在这里，我没有恐惧；此刻我并不害怕，没什么事发生，也没什么人威胁我或是抢劫我。但是，离开了当下，内心深处便在有意无意地思量将来会发生什么，或是担忧过往发生的事会再次降临到我身上。所以我害怕的是过去和未来，我把时间划分成了过去和未来。此时念头插手进来，说："当心，别让它再发生"，或者，"要为将来准备，未来或许危机四伏。你现在拥有的，以后也许会失去。明天你可能会死掉，妻子可能会跑掉，你可能会失业。你可能永远也出不了名，你可能会孤寂一生。因此，你希望对明天有十足的把握。"

现在就拿起你个人特定的恐惧看一看，同时观察自己对它的反应。你能否看着它，而没有丝毫逃避、辩解、谴责或压抑的活动？你能否看着那份恐惧，而不想着会招来恐惧的词语？比方说，你能否正视死亡，却不想着会唤起对死亡的恐惧的词语？"死亡"一词本身便会带来一种战栗，就像"爱"这个词也会带来战栗与意象一样，不是吗？那么，你心中对死亡所怀有的意象，你所目睹的无数死亡，以及把自己与那些事件联系在一起——是否正是这些意象造成了恐惧？还是说，你是真的在恐惧生命的终结，而非构想出终结的那个意象？令你恐惧的，是"死亡"一词，还是实际的生命终结？若是那个词或者那个记忆令你恐惧，那就根本不是真正的恐惧。

假如说你两年前生过病，对病痛、对疾病的记忆留存了下来，而此刻那份记忆正起着作用，说："当心，别再生病了！"所以说，是记忆以及联想造成了恐惧，可那根本不是真正的恐惧，因为你此刻实际上非常健康。思想始终是老旧不堪的，因为思想是记忆产生的反应，而记忆永远是陈旧的。思想借助时间，捏造出你很害怕的感觉，可那根本不是事实。事实上你好得很。但是，作为记忆留存在心中的经验，唤起了这个念头："当心，别再生病了。"

因此我们看清了是思想引发了某种恐惧。但是，除此之外，究竟还有没有其他恐惧存在？恐惧是否永远是思想的产物，如果是，那还有其他类型的恐惧吗？我们恐惧死亡——某件明天、后天或某个时候会发生的事，事实与未来之间便有一个距离。思想经历过这种情境，通过观察死亡，它说："我也会死。"是念头造成了对死亡的恐惧，如果它不制造恐惧，那么恐惧还会存在吗？

恐惧是不是思想的产物？如果是，因为思想始终是陈旧的，那么恐惧也始终是陈旧的。正如我们所说，并不存在新鲜的思想，只要我们认出了它，它就必定是陈旧的。因此我们所恐惧的是旧事重现——把已然如何的想法投射到了将来。所以说思想要为恐惧负责，事实就是如此，你可以亲自看到这一点。当你直截了当地面对某事，恐惧就不存在，只有当思想介入进来，你才会恐惧。

因此我们现在的问题是：心是否可能完全地、彻底地活在当下？唯有这样的一颗心才无所畏惧。但若要了解这一点，你就必须了解思想、记忆以及时间的架构。这份了解并非道理上的、字面上的，而是用你的全副身心真正发自肺腑地领会它，唯有如此你方能从恐惧中解脱。此时你的心便可以运用思想却不会造成恐惧。

思想就像记忆一样，对于日常生活当然是必不可少的，它是我们用来交流、用来工作等等的唯一工具。思想乃是对记忆的反应，而记忆是通过经验、知识、传统和时间积累而来的。我们根据记忆的背景做出反应，这反应便是思想。所以说思想在某些层面上是不可或缺的。然而，一旦思想从心理上将自己化身为过去和未来，制造了快乐与恐惧，心就会变得迟钝，了无生气于是成为必然。

因此我追问自己："这究竟是为什么？既然已经知道这种想法会造成恐惧，为什么我还要从苦与乐的角度思考过往和将来？难道思想就不可能从心理上停止吗？否则恐惧便永无尽头了。"

思想的运转方式之一，便是需要不停地被占据。我们大多数人都希望自己的头脑一直被占据着，这样我们就不用去看真实的自己了。我们害怕内心的空白，害怕直视自己的恐惧。

在意识层面，你能发觉自己的恐惧，但在内心更深的层面上，你能觉察到它们吗？你如何才能发现那些潜藏的、隐秘的恐惧？恐惧究竟有没有显意识和潜意识之分？这是个非常重要的问题。专家、心理学家和心理分析师，把恐惧划分为或深或浅的层面。但是，如果你听信了心理学家或者我所说的话，你就只是在理解我们的理论、教条和知识，而非在了解自我了。你不能遵照弗洛伊德、荣格或是我说的话来了解自己，他人的理论根本毫无价值。你要向你自己提出这个问题：恐惧究竟有没有显意识和潜意识之分？还是说只有一种恐惧，只是你把它诠释成了两种形式？只有一种欲望，有的只是欲望罢了——"你想要"。欲望的对象会变，但欲望本身始终如故。因此，或许恐惧也是如此：有的只是恐惧罢了。你害怕各种各样的东西，但恐惧只有一种。

当你意识到恐惧是不可分割的，你便会发现，你已经彻底抛开了潜意识这个问题，这个蒙蔽了心理学家与心理分析师的问题。当你懂得了所有的恐惧都属于同一种心理活动，只是以各种方式展现着自己，当你看清了那个活动，而非活动指向的对象，你便会迎来一个更大的问题：你如何才能面对它，却不受制于心智所培植的分割状态？

存在的只有整体的恐惧，但是以割裂的方式思考的心，如何才能观察这整幅图景呢？它能观察吗？我们过着支离破碎的生活，只能透过支离破碎的思想过程去看整体的恐惧。这整个机械的思考过程就是要把一切都弄得分崩离析：我爱你，我恨你；你是我的敌人，你是我的朋友；我特殊的性情和倾向，我的工作，我的地位，我的威望，我的妻儿，我的国家和你的国家，我的上帝和你的上帝——这一切都是思想造成的破碎状态。正是这个思想看着恐惧的整体，或者试图去看，然后把它打成了碎片。因此我们发现，只有当思想活动不存在时，心才能去看恐惧的整体。

你能不能直视恐惧，不带有任何结论，也不让过往积累的知识横加干涉？如果不能，那么你看到的便是过去，而不是恐惧；如果你可以，那么你就第一次不受过去干涉地看到了恐惧本身。

唯有当内心异常平静时，你才能去看，就像只有当你的心没有喋喋不休，没有为自己的问题和焦虑自言自语时，你方能倾听别人所说的话。同样，你能不能正视自己的恐惧，不试图解决它，也不引入它的对立面——勇气，只是真切地看着它，而不试图逃避它？一旦你说："我必须控制它，我必须除掉它，我必须了解它"，你就是在设法逃避它。

你可以用一颗平静无波的心，观看一朵云、一棵树或是流动的河水，因为它们对你来说并不重要。但是观察你自己要困难多了，因为你的需求是如此实际，反应又是如此迅捷。因此，当你直截了当地接触恐惧或绝望，孤独或嫉妒，或是其他丑陋的心态，你能不能如此完整地注视它，乃至你的心平静得足以看清它？

心能否洞察恐惧，而非恐惧的各种形式——洞察整体的恐惧，而不是你害怕的对象？如果你只去看恐惧的细节，或是设法一个个地对付恐惧，那么你就永远无法直抵问题的核心，也就是学习如何与恐惧共处。

若要与一件活生生的东西共处，譬如恐惧，就需要头脑与内心都极为敏锐，没有任何结论，因而能够跟随恐惧的一举一动。如果你能观察并与之共处——这无需花费一整天的工夫，可能花一分钟或是一秒钟即可洞悉恐惧的整个本质——如果你如此全然地与之共处，你必然会问：

"与恐惧共处的那个存在是谁？是谁在观察恐惧，注视着各种恐惧的所有活动，同时又能觉知恐惧这个核心事实？那个观察者是不是一个已死的、停滞的存在——他积累了关于自己的大量知识和信息——是不是那个僵死的东西在观察以及与恐惧的活动共处？那个观察者究竟是过去，还是一个活生生的东西？"你会如何作答？不要回答我，回答你自己。你，这个观察者，是一个在观察活物的僵死的存在，还是说，你是一个在观察活物的鲜活的存在？因为在观察者身上，可能存在这两种状态。

观察者就是那个不想要恐惧的审查官，就是他关于恐惧的所有经验的整体。因此观察者与他所谓的恐惧分开了，二者之间有了距离。他一直设法克服或者逃避这个距离，于是他与恐惧之间征战不休，而这场战争是能量的严重浪费。

然而在观察当中，你会发现观察者不过是一团毫无价值或实质的观念和经验，而恐惧是鲜活的事实，你若试图用抽象的概念去了解事实，那当然是不可能的。事实上，那个说"我害怕"的观察者，与他所观察的恐惧有任何两样吗？观察者就是恐惧，当你领悟到这一点，就不会再因为努力除掉恐惧而耗费能量了，观察者与所观之物之间的时空隔阂也就消失了。当你看清你就是恐惧的一部分，你与它并无分别——你即是恐惧——你便不会再对它做什么了，此时恐惧也就彻底止息了。

——选自《从已知中解脱》

想法而非事实造成了恐惧

有没有可能终结所有恐惧？你可能怕黑，或者害怕突然碰见一条蛇、遇到某个野兽，或者害怕掉下悬崖。比如想要躲开疾驰而来的巴士，这是自然而又健康的反应，但是还存在许多其他形式的恐惧。正因为如此，所以我们必须探究这个问题：想法是否比事实、比"现在如何"更为重要。如果你去看"现在如何"、去看事实，而不是去看想法，你就会发现，只有对未来、对明天的想法和概念才会造成恐惧，而非事实造成了恐惧。

对于一颗被恐惧、被遵从、被思想者所负累的心来说，是不可能懂得那堪称"生命源头"的事物的。而心实际上渴望了解那个源头是什么。我们曾说它就是上帝——但那又是人类出于自身的恐惧、痛苦以及逃避生活的愿望而发明出来的一个词。当人类的心灵摆脱了所有的恐惧，然后在探究那个源头是什么的过程中，它就不会再去追求自身的享乐，也不会寻找逃避的手段，因而在那份探询中，所有的权威就都消失了。你明白吗？讲话者的权威，教堂的权威，观点、知识、经验以及舆论的权威——那一切都彻底终止了，进而服从也不复存在。只有这样的一颗心才能亲自探明那个源头是什么——去探明真相，不是作为一颗个别的心，而是作为一个完整的人。根本就不存在"个别"的心——我们全都是休戚相关的。请理解这一点。心不是某种彼此分离的东西，它是一颗整体的心。我们都在服从，我们都心怀恐惧，我们都在逃避。而若要了解——不是作为一个个体，而是作为一个完整的人——那个源头是什么，你就必须了解人类整体的苦难，了解人类几百年来发明出的所有概念、所有模式。只有当你摆脱了那一切，你才能发现是否存在某种源头的事物。否则我们就是二手的人类，而因为我们是二手的、冒牌的人类，悲伤便永无终结之日。所以悲伤的终结实质上就是那个源头的开始。但是，能够终结悲伤的那份领悟，并非仅仅了解你特定的悲伤或者我特定的悲伤，因为你的悲伤和我的悲伤与人类整体的悲伤是紧密相关的。这不是什么多愁善感或感情用事，而是真切的、无情的事实。当我们了解了悲伤的整个结构，进而终结了悲伤，就有可能邂逅那件本是所有生命源头的奇特事物——不是在试管里，像科学家发现的那样，而是此时就会出现那股始终在不停爆发的奇特能量。那股能量没有朝任何一个方向运动，因而才能得以爆发。

——萨能，1965 年 7 月 22 日

比较滋生了恐惧

若要了解恐惧，你就必须探究"比较"这个问题。我们究竟为什么要比较？在技术事务上，比较可以显示进步程度，进步是相比而言的。50年前没有原子弹，没有超音速飞机，但是现在我们有了这些东西；再过50年，我们还会有另外一些我们现在还没有的东西。这叫作"进步"，这种进步始终是相比而言的、相对的，而我们的心就困在了这种思维方式当中。不仅仅在体肤之外，而且在体肤之内、在我们自身存在的心理结构中，我们都以比较的方式思考。我们说："我是这样的，我过去是那样的，我将来要变得更如何。"这种比较式的思维，我们称之为进步、进化，而我们的整个行为方式——道德上、伦理上、宗教上，以及在我们的商业和社会关系中——都以此为基础。我们以比较的方式观察自己与社会的关系，而社会本身即是同一种比较式的努力的产物。

比较滋生了恐惧。请务必在自己身上观察这个事实。我想成为一名更优秀的作家，或者一个更美丽、更智慧的人。我希望比别人拥有更多的知识；我想成功，想成为某个人物，想在世上声名鹊起。从心理上讲，功成名就正是比较的核心，而通过比较，我们就在不停地酿造恐惧。恐惧也催生了冲突、奋斗，而这被认为非常值得尊敬。你说你必须比较才能在世上生存下来，所以你在职场上、在家里、在所谓的宗教事务上相互攀比、相互竞争。你必须到达天堂，坐在耶稣旁边，或者坐在无论你哪个特别的救世主旁边。这种比较的态度表现为教士想成为大主教、红衣主教，最后再成为教皇。我们在生活的各个方面孜孜不倦地培养这种精神，奋力变得更好，或者取得比别人更高的地位。我们的社会和道德结构即奠基于此。

所以我们的生活中到处是这种无休止的比较和竞争状态，以及无休止地努力成为某个大人物——或者努力变成一个无名小卒，那都是一回事。我认为，这便是一切恐惧的根源，因为它滋生了羡慕、嫉妒和仇恨。哪里有恨，哪里显然就没有爱，进而恐惧便会愈演愈烈。

——萨能，1964 年 7 月 21 日

恐惧对心灵做了什么？

我们正在探讨恐惧，它是"我"的整个运动的一部分——这个"我"把生活分解为一种运动，把自己分裂成了你和我。我们之前问过："什么是恐惧？"我们要不做积累地了解恐惧，而"恐惧"一词本身就妨碍了我们直接接触我们叫作恐惧的那种危机感。你瞧，成熟就意味着一个人完整而自然的成长，自然的意思是没有矛盾、和谐自洽，这与年龄无关。而恐惧的因素就妨碍了这种自然而又完整的心灵成长过程。

当你心怀恐惧，不仅是害怕外物，而且害怕心理因素，那么在那种恐惧中会发生什么？我害怕，不仅害怕生病、死亡、黑暗——你知道一个人有不计其数的恐惧，既有生理上又有心理上的。那种恐惧会对心灵，对制造了这些恐惧的心灵产生什么影响？你理解我的问题吗？不要立刻回答我，先看看你们自己。恐惧对心灵、对你的整个生活有什么作用？还是说，我们对恐惧是如此习以为常，它已经变成了一个习惯，以至于我们对它的影响毫无察觉？如果我已经让自己对印度教徒的民族主义——对教条、对信仰——习以为常，我就把自己封闭在了这种制约当中，完全注意不到它有什么影响。我只能看到我内心唤起的那种感受、那种民族主义，并且满足于此。我让自己认同那个国家，认同那种信仰，诸如此类。但是我们没有看到这种制约在周围产生的影响。同样，我们也没有看到恐惧都做了什么——包括在身体上以及在心理上。它都做了什么？

提问者[①]：我会致力于试图阻止这件事发生。

克里希那穆提[②]：它阻止或者妨碍了行动的发生。我们发觉这一点了吗？你发觉这一点了吗？不要一概而论。我们讨论的目的是为了看到我们内心实际发生着什么，否则那就毫无意义了。在深入探讨恐惧都做了什么并且清楚地意识到它之后，也许就有可能超越它了。所以，如果我认真的话，我就必须看到恐惧的影响。我知道它有哪些影响吗？还是说，我只是从字面上知道而已？我是不是只知道它们是过去发生的事，然后

---

① 下文简称"问"。——中文版编者
② 下文简称"克"。——中文版编者

留下了一个记忆说："这些是它的影响"？那样的话，就是记忆看到了它的影响，但心并没有看到它实际的影响。我不知道你有没有明白这一点？我刚刚说的真是一件极为重要的事。

问：你可以再说一遍吗？

克：当我说我知道恐惧的影响，那是什么意思？要么我是从字面上，也就是从道理上知道这一点，要么我知道它是一个记忆，是过去发生的事，于是我说："这确实发生过。"所以是过去告诉了我那些影响是什么，但我并没有在真实的当下一刻看到它的影响。因此，那是记忆中的东西，它并不真实，而"了解"意味着不加积累地看到——不是识别，而是看到事实。我把这点说明白了吗？

当我说"我饿了"，那是昨天饥饿的记忆在告诉我，还是此刻千真万确的饥饿的事实？真实地觉察到我现在饿了，跟记忆的反应告诉我"我以前饿过，所以我现在可能也饿了"，是截然不同的两码事。是过去在告诉我恐惧的影响，还是你觉察到恐惧的影响真实地发生了？这两种行动有天壤之别，不是吗？一个是全然觉察到了恐惧此刻的影响，即刻做出行动。但是，如果是记忆在告诉我这些是恐惧的影响，那么行动就不一样了。我说清楚了吗？那么，实际情况究竟是怎样的？

问：有某个特定的恐惧然后就那样真正地觉察到恐惧的影响，跟想起某个恐惧的影响，你能区分一下这两者吗？

克：这就是我正打算解释的。这两种行动是截然不同的。你明白这一点了吗？拜托，如果你不明白，请不要说"是的"，我们不要跟对方玩游戏。理解这一点很重要。是过去在告诉你恐惧的影响，还是此刻对恐惧的影响有一种直接的感知或者觉察？如果是过去在告诉你恐惧的影响，那么行动就是不完整的，进而是自相矛盾的，它会带来冲突。但是，如果你此时此刻全然觉察到了恐惧的影响，行动就是完整的。

问：此刻坐在帐篷里，我没有恐惧，因为我在听你讲话，所以我不害怕。但是当我离开帐篷时，那种恐惧可能就会出现了。

克：但是，此刻坐在这个帐篷里，你难道不能看看你昨天有过的恐惧吗？你难道不能唤起它、邀请它吗？

问：可能是生存恐惧。

克：无论具体的恐惧是什么，你需要说："我现在没有恐惧，但是当我出去的时候就有了"吗？它们就在那里！

问：你可以唤起它——就像你说的——你可以记起它。但那就是你刚才说过的引入记忆、引入对恐惧的想法了。

克：我问的是："我是不是需要等到离开帐篷的时候才能搞清楚我的恐惧是什么？又或者，我能否坐在这里的时候就觉察到它们？"此时此刻我不害怕别人会对我说什么。但是，当我遇到那个打算说这些话的人，就会把我吓坏。我难道不能现在就看到那个真切的事实吗？

问：如果你那么做，你就已经在练习它了。

克：不，这不是练习。你瞧，你是如此害怕做一件可能会变成练习的事！先生，你难道不害怕丢掉自己的工作吗？你难道不怕死吗？你难道不害怕无法成功吗？你难道不害怕孤独吗？你难道不害怕没人爱吗？你难道没有某种形式的恐惧吗？

问：只在遇到挑战的时候才有。

克：可我就在挑战你啊！我真是搞不懂这种心态！

问：如果你有一种行动的冲动，你就得做点儿什么。

克：不！你把事情搞得太复杂了。那就像是听到火车呼啸而过一样。你要么记住那列火车的声音，要么真正地倾听那种声音。不要把它弄复杂了，拜托。

问：你说要唤起恐惧，从某种程度上讲，你难道不就是在把事情弄复杂吗？我不必唤起我的任何一种恐惧——只是坐在这里我就可以考察我的反应。

克：这正是我想说的意思。

问：为了便于沟通，在这里我们必须明白头脑和心灵之间的不同。

克：那个问题我们以前探讨过了。我们现在想弄清楚恐惧是什么，想要了解它。心能够自由地去了解恐惧吗？了解就是观察恐惧的活动。只有当你不在回忆过去的恐惧、不带着那些记忆去看的时候，你才能观察恐惧的活动。你有没有看到其中的差别？我可以观察那种活动。当恐惧出现的时候，你能去了解实际发生着什么吗？我们内心时时刻刻沸腾着恐惧，我们似乎无力摆脱它。你过去有过恐惧，当你意识到它们，那些恐惧对你和你的环境产生了怎样的影响？发生了什么事？你难道没有与他人产生隔绝吗？那些恐惧的影响难道没有隔绝你吗？

问：它残害了我。

克：它让你感到绝望，你不知道该怎么办。那么，当出现了这种隔绝，行动会怎样？

问：行动是支离破碎的。

克：请务必仔细听一听这些。我过去有过恐惧，那些恐惧的后果就是隔绝我、残害我、让我感到绝望。这时有一种想逃离的感觉，想在某件事情中寻求安慰。一旦我们把自己从所有关系中隔绝出来，我们就想做那些事。这种隔绝对行动的影响则是会造成碎片化。这难道在你身上没发生过吗？当你吓坏了的时候，你不知道该怎么办，你逃避恐惧，要么试图压制它，要么用解释把它打发掉。所以，脱胎于那种恐惧的行动必定是支离破碎的。支离破碎就会矛盾重重，就会有大量的挣扎、痛苦、焦虑，不是吗？

问：先生，就像一个残疾人会用拐杖走路，一个被恐惧所麻痹、所残害的人也一样，他会使用各种各样的拐杖。

克：这就是我要说的意思。说得很对。现在你对过去的恐惧造成的后果已经很清楚了：它会造成支离破碎的行动。这种行动，与没有记忆反应的那种恐惧的行动，有什么不同？当你遇到身体上的危险时，会发生什么？

问：会有自发的行动。

克：那叫作自发的行动——它是自发的吗？请务必探究一下，我们正试着有所发现。你独自走在森林里，走在野外的某处，突然遇到了一头带着几只熊仔的狗熊——然后会怎样？知道熊是非常危险的动物，你会怎么样？

问： 肾上腺素会增加。

克： 是的，那么你会有什么行动？

问： 你看到了把自己的恐惧传递给熊的危险性。

克： 不，你会怎样？当然，如果你害怕，就会把恐惧传递给熊，于是熊也会变得害怕然后攻击你。你可曾在森林里面对面地遇到一头熊？

问： 这里有人遇到过。

克： 我遇到过。那位先生和我那些年有过很多类似的经历。但是会发生什么？有一头熊就在离你几英尺开外的地方。你会有各种身体反应，肾上腺素激增，等等；你立刻停下脚步，然后转身逃跑。这时发生了什么？此时的反应是怎样的？那是一种惯性反应，不是吗？人们世世代代以来都在告诉你："要当心野兽。"如果你害怕，你就会把那种恐惧传递给动物，于是它就会攻击你。这整个过程一瞬间就发生了。那是恐惧的运作吗？——还是说那是智慧？是什么在运作？那是因为重复"要当心野兽"而唤起的恐惧吗？——这是你从小受到的惯性制约。还是说，那是智慧？对那个动物的惯性反应跟那种惯性反应的行动是一回事。而智慧的运作跟智慧的行动是不同的，这两者有天壤之别。你明白这一点了吗？巴士疾驶而过，你不会让自己挡在车前，你的智慧说不要那么做。这不是恐惧——除非你有神经病或者你吃错了药。是你的智慧，而不是恐惧，阻止你那么做的。

问：先生，当你遇到野兽的时候，你难道不是既得有智慧又得做出惯性反应吗？

克：不，先生。来看一看。一旦那是惯性反应，其中就包含了恐惧，而那会传递给动物；然而，如果是智慧，就不会那样了。所以，你自己去搞清楚究竟是什么在运作。如果是恐惧，那么它的行动就是不完整的，因而来自动物的危险就会接踵而至。但是在智慧的行动中，根本就不存在恐惧。

问甲：你是说，如果我用这种智慧看着那头熊，我就可能被那头熊杀掉却体验不到恐惧。

问乙：如果我以前从没遇到过熊，我甚至都不会知道那是一头熊。

克：你们都把事情弄得太复杂了。这非常简单。先不管动物了，还是从我们自身开始吧，我们某种程度上也是动物。

恐惧的影响和行动都基于过去的记忆，因而是破坏性的、自相矛盾的、令人麻痹的。我们看到这一点了吗？不是从字面上，而是真正看到：当你恐惧时，你就被彻底隔绝开了，从那种隔绝中采取的任何行动都必定是支离破碎的，因而矛盾重重；因此挣扎、痛苦等等诸如此类便接踵而来。然而，完全没有记忆反应的对恐惧的觉察行动则是完整的行动。去试试看！去那么做！在你独自走路回家的时候觉察，你过去的恐惧就会浮现出来。此时去观察、去觉察那些恐惧是否真实的恐惧，还是表现为记忆的思想投射出来的。当恐惧浮现时，看看你是不是用思想反应在看，还是你只是在观察而已。我们在谈的是行动，因为生活即是行动。我们并不是说只有生活的一部分是行动。整个生活都是行动，而这种行动是支离破碎的，支离破碎的行动就是这个记忆的过程，连同它的思想和隔绝。这一点清楚了吗？

问：你的意思是每一瞬间都全然地去体验，不让记忆进入？

克：先生，当你提出那样的一个问题，你就得探究记忆的问题。你必须拥有记忆——越清晰、越明确，就越好。如果你要在技术层面运转，甚或如果你想回家，你就必须有记忆。但是思想作为记忆的反应，从记忆中投射出恐惧，那就是一种截然不同的行动了。

那么，恐惧是什么？恐惧是怎么出现的？这些恐惧是如何发生的？你们可以告诉我吗？

问：就我而言，是因为对过去的执着。

克：让我们就以这一件事为例。你用"执着"一词指的是什么？

问：心抓住某个东西不放。

克：也就是说，心抓住某些记忆不放。"在我还年轻的时候，一切都是多么美好啊！"或者，我抓住可能会发生的某件事不放，所以我培植了会保护我的信仰。我执着于某个回忆，我执着于一件家具，我执着于我的作品，因为通过写作我就可以成名。我执着于一个名字、一个家庭、一栋房子，执着于各种回忆，诸如此类。我让自己认同那一切。这种执着为什么会发生？

问：难道不是因为恐惧就是我们文明的基础吗？

克：不，先生，你为什么执着？"执着"一词意味着什么？我依赖某个东西。我依赖你们都来出席，这样我就可以对你们开讲了；我依赖你，因而执着于你，因为通过那种执着，我可以获得某种能量、某种热情，以及诸如此类的垃圾！所以我执着，而那又是什么意思？我依赖你，我依赖家具。在对家具、信仰、书籍、家庭、妻子的执着中，我依赖那些带给我安慰、权威以及社会地位。所以依赖是一种形式的执着。那么我为什么要依赖？不要回答我，看看你自己的内心。你依赖某个东西，不是吗？依赖你的国家、你的神明、你的信仰、你吃的药，还依赖酒精！

问：这是社会制约的一部分。

克：是社会的制约让你依赖的吗？也就是说，你是社会的一部分，社会并非独立于你而存在的。是你造就了社会，这个腐败的社会；是你建立了它。你就困在这个牢笼中，你是它的一部分。所以不要责怪社会。你看到依赖的含义了吗？其中涉及了什么？你为什么依赖？

问：为了不感觉孤独。

克：等一下，请安静地听一听。我依赖某个东西，因为那个东西可以填补我的空虚。我依赖知识、依赖书本，因为它们掩盖了我的空虚、我的浅薄、我的愚蠢；所以知识变得无比重要。我对名画的美高谈阔论，因为我内心依赖那些。所以依赖表明了我的空虚、我的孤寂、我的不足，这让我依赖你。这是事实，对吗？不要把它理论化，不要争辩，事实就是如此。如果我不空虚，如果我没有不足，我就不会在意你说什么或者做什么。我不依赖任何东西。因为我空虚、孤独，我不知道拿自己的生活怎么办。我写了一本愚蠢的书，那填补了我的虚荣心。所以我依赖，那意味着我害怕孤独，我害怕我的空虚。因此，我用物质、用观念、用别人来把它填满。

你难道不害怕揭露自己的孤独吗？你可曾揭露自己的孤独、不足和空虚？这件事现在就发生着，不是吗？因此，你现在就害怕那种空虚。你会怎么办？发生了什么？之前，你执着于他人，执着于观念，执着于各类东西，你发现那种依赖掩盖了你的空虚、你的浅薄。当你看到了这一点，你就自由了，不是吗？此时的反应是什么？那种恐惧还是记忆的反应吗？还是说，那种恐惧是真实的？你明白这一点了吗？

我在为你卖力工作，不是吗？（大笑）昨天上午放了一个卡通片，里边一个小男孩跟另一个小男孩说："等我长大了，我要成为一名先知，我要讲述深刻的真理，可没有人会听。"另一个小男孩说："如果没人听，那你为什么还要说呢？""啊，"他说，"我们先知都非常固执。"（大笑）

所以现在你揭露了自己的执着即依赖所掩盖的恐惧。当你探究它，你看到了你的空虚、你的浅薄、你的琐碎，你被它吓坏了。然后会怎么样？明白了吗，先生们？

问：我试图逃避。

克：你试图通过执着、通过依赖来逃避。因此，你又回到了旧有的模式中。但是，如果你看到了这个真相：执着和依赖掩盖了你的空虚，你就不会逃避了，对吗？如果你没有看到这个事实，你就必定会逃跑。你会试图用其他方式填补那种空虚。之前，你用药物来填补，现在你用性或者别的东西来填补。所以，当你看到了这个事实，这时发生了什么？往前走，先生们，继续探索！我一直执着于这间房子，执着于我的妻子、书本、写作、出名；我发现恐惧生起是因为我不知道拿我的空虚怎么办，因此我依赖，因此我执着。当我内心有了这种巨大的空洞感，我会怎么办？

问：有一种很强的感受。

克：那就是恐惧。我发现自己吓坏了，因此我执着。那恐惧是记忆的反应吗？还是说，那恐惧是一项真实的发现？发现是与过去的反应截然不同的东西。那么你属于哪种？那是真实的发现吗？还是过去的反应？不要回答我。深入挖掘自己的内心，去一探究竟。

——选自《不可能的问题》，萨能，1970 年 8 月 3 日

逃离恐惧只会增强恐惧

克：我意识到自己很恐惧——为什么？是因为我发现自己已经与死无异了吗？我活在过去，我不知道观察和活在当下是什么意思，因此，这是某种全新的东西，而我害怕做任何一件新的事情。那意味着什么？那意味着我的头脑和我的心灵一直遵循着旧有的模式、旧有的方法、旧有的思维方式、生活方式和工作方式。但若要有所了解，心就必须从过去中解脱出来——我们已经明确了真相就是如此。现在来看看发生了什么。我已经明确了这个事实就是真相：如果过去插手，了解就不存在。同时我也意识到我很害怕。所以这里就有了一种矛盾，一方面，若要有所了解，心就必须摆脱过去，而与此同时，我又害怕这么做。这里就有一种二元分裂。我看到了，同时我又害怕看到。

问：我们是不是一直都害怕见到新事物？

克：难道不是吗？我们难道不害怕变化吗？

问：新事物是未知的，我们害怕未知。

克：所以我们紧抓住旧有的东西，而这不可避免地会滋生恐惧，因为生活是变动不居的。存在社会剧变，存在暴乱，存在战争，所以恐惧产生了。那么我要如何了解恐惧？我们的话题已经离开了之前的活动，现在我们想要了解恐惧的活动。恐惧的活动是什么？你有没有发觉你害怕？你有没有意识到你有恐惧？

问：并非一直都有。

克：先生，你现在是不是知道，你现在有没有意识到你的恐惧？你可以使它们复苏，让它们浮现出来，然后说："我害怕人们会对我说三道四。"所以，你有没有发觉你害怕死亡、害怕损失钱财、害怕失去你的妻子？你是否意识到了这些恐惧？还有身体上的恐惧——你明天也许会有病痛，等等？如果你意识到了，其中的活动是怎样的？当你意识到你害怕了，这时会发生什么？

问：我试图去除它。

克：当你试图去除它，这时会发生什么？

问：你压制它。

克：你要么压制它，要么逃避它；恐惧和想要去除它的愿望之间存在着冲突，不是吗？所以要么压抑，要么逃避；在试图去除它的过程中就存在冲突，而这只会增强恐惧。

问： 我可以提个问题吗？"我"不就是大脑本身吗？大脑厌倦了不停寻找新体验，想要放松一下。

克： 你的意思是说，大脑本身害怕放手，它本身就是恐惧的肇因？你瞧，先生，我想了解恐惧，也就是说我必须有好奇心，我必须有热情。首先，我必须有好奇心，而如果我形成了一个结论，我就无法保持好奇。所以，若要了解恐惧，我就一定不能因为逃避它而分心，一定不能有压抑的活动，那也意味着从恐惧那里分了心。一定不能有这种感觉："我必须除掉它。"如果我有这些感受，我就无法有所了解。那么，当我看到恐惧出现时，我有这些感受吗？我不是说你不应该有这些感受——它们就在那里。如果我意识到了它们，我会做什么？我的恐惧是如此强烈，以至于我想逃离它们。而正是对它们的逃离滋生了恐惧——这些你都明白了吗？我是否看到了这个真相、这个事实：逃离恐惧就增强了恐惧？因此，就不再有逃离它的活动了，对吗？

问： 我不明白这一点，因为我觉得，如果我有恐惧然后我逃离它，我就是在朝着会终结那个恐惧的方向走，朝着会让我安然度过它的方向走。

克：你害怕什么？

问：钱财。

克：你害怕失去钱财，不是害怕钱财。钱越多越开心！但是你害怕失去它，对吗？因此，你会做什么？你会确保你的钱安放妥当，但恐惧依然存在。在这个变化莫测的世界上，你的钱可能并不安全，银行也许会破产，诸如此类。即使你有很多钱，这种恐惧依然始终存在。逃离这种恐惧并不会解决它，压抑它——说"我不去想它就好"——也行不通，下一秒钟你又开始想了。所以，逃离它、回避它、对它做些什么，都延续了恐惧。这是事实。现在我们明确了两个事实：若要有所了解，就必须有好奇心，就一定不能带着过去的压力。还有，若要了解恐惧，就一定不能逃离恐惧。这是事实，这是真相。因此，你不再逃离。那么，当我不再逃离它，会发生什么？

问：你停止了与它相认同。

克：那是了解吗？你停下来了。

问：我不知道你是什么意思。

克：停止并不是了解。因为你渴望不再有恐惧，所以你想逃避它。看看这里的微妙之处。我害怕，而我想了解它。我不知道会发生什么，我想了解恐惧的活动。那么会发生什么？我不再逃跑，我不再压抑，我不再回避它：我想了解它。

问： *我想的是如何除掉它。*

克： 如果你想除掉它，就像我刚才解释过的，那个想除掉它的人又是谁？你想除掉它，那就意味着你抗拒它，因而恐惧会增强。如果你看不到这个事实，很抱歉我也帮不了你。

问： *我们必须接受恐惧。*

克： 我不接受恐惧。接受恐惧的那个存在体又是谁？

问： *如果一个人不能逃避，他就必须接受。*

克： 逃避它，回避它，拿起一本小说，看看其他人都在做什么，看看电视，去参拜寺庙或者教堂——这一切依然是对恐惧的回避，而对它的任何回避都只会增加和强化恐惧。这是事实。明确了这个事实之后，我就不再逃跑，我就不再压抑。我在学习不逃避。因此，当你觉察到了恐惧，会发生什么？

问： *会了解恐惧的过程。*

克： 我们就在这么做。我在了解这个过程，我在观察它，我在了解它。我害怕，但我不逃避它，那会怎么样？

问：你就和恐惧面对面了。

克：然后会怎样？

问：没有往任何一个方向的活动。

克：你难道不问这个问题吗？拜托，请听我说。我不再逃离，我不再压抑，我不再回避，我不再抗拒它。它就在那里，我看着它。这时从中会自然而然出现一个问题：是谁在看着恐惧？请不要猜测。当你说："是我在看着恐惧，我在了解恐惧"，谁又是那个看着它的存在体？

问：是恐惧本身。

克：是恐惧本身在看着自己吗？请不要猜测。不要得出任何结论，而是去一探究竟。心不再逃避恐惧，不再建造围墙，不再通过勇气之类来抵抗恐惧。当我观察时，会发生什么？我自然会问自己：是谁在看着那个叫作恐惧的东西？请不要回答我。是我提出了这个问题，不是你。先生，搞清楚是谁在看着恐惧：是我的一个碎片吗？

问：看着恐惧的那个存在体不能是过去的产物，它必须是新鲜的，是在当下一刻发生的东西。

克：我谈的不是那种观察是不是过去的产物。我在观察，我在觉察恐惧，我意识到我害怕损失钱财，害怕生病，害怕妻子离开我，天知道还害怕什么。而我想了解它，因此，我在观察，我自然就会问：是谁在观察恐惧？

问：我自己的形象。

克：当我提出这个问题："是谁在观察"，这时会发生什么？这个问题本身之中就有一种分裂，不是吗？这是一个事实。当我说："是谁在观察"，那就意味着有个东西在那儿，而我在看着它，因此就存在一种分裂。那为什么会存在一种分裂呢？你来回答我，不要猜测，不要重复别人说过的话，包括我本人。去搞清楚为什么一旦你问"是谁在观察"，就会存在这种分裂。去搞清楚。

问：我这一方有观察的愿望。

克：那就意味着那个愿望说："为了逃避而观察"——你明白吗？你之前说过："我明白我一定不能逃避"，而现在你发现那个愿望让你逃避得更隐蔽；因此，你依旧是作为一个局外人在观察。看看这当中的深意。你观察的时候带着一个除掉恐惧的动机。而我们几分钟之前说过，试图除掉恐惧首先就意味着对恐惧的审查。所以你的观察隐含着去除恐惧的意图，因此就存在一种只会加强恐惧的分裂。所以，我再问一次这个问题：是谁在观察恐惧？

问：难道不是还有另外一点：是谁在问"谁在观察恐惧"这个问题呢？

克：我在问这个问题，先生。

问：但是问这个问题的又是谁呢？

克：那是一回事，你只是把它又往回推了一步。现在请注意听：这是探讨这个问题最实际的方式。你会发现，如果你非常用心地步步紧跟，心就会摆脱恐惧，但你没有这么做。

我害怕失去财富，那么我会怎么办？我通过避免思考这个问题来逃避它。所以我意识到回避它是多么愚蠢的做法，因为我越是抗拒，我就越是恐惧。我观察它，然后这个问题就出现了：是谁在观察它？是不是想要除掉它、超越它、摆脱它的愿望在观察它？是的。于是，我知道了那样去观察它只会造成分裂，进而会加强恐惧。所以我看到了其中的真相，因此，想要去除它的愿望就消失了——你明白我的意思吗？那就像是看到了一条毒蛇：想要去摸它的欲望就完结了。当我看到嗑药真正的危险性，嗑药的欲望就结束了，我不会再碰它们。只要我没看到它的危险性，我就会继续。同样，只要我没看到逃避恐惧会增强恐惧，我就会继续逃跑。一旦我看到了这一点，我就不会再逃避了。然后会怎样？

问： 一个害怕置身其中的人怎么可能去看呢？他吓坏了。

克： 我正在给你指出来。一旦你害怕去看恐惧，你就无法了解它了。如果你想了解恐惧，就不要害怕。就是这么简单。如果我不知道如何游泳，我就不会跳进河里。我知道如果我害怕去看，恐惧就不可能终结，而如果真的想去看，我就会说："我不在乎，我会去看的。"

问： 你刚才说过，正是脱离恐惧的愿望在不停地滋生更多的恐惧。当我害怕，我就想脱离它，所以我的做法往往是让它变得与我有关，这样我就可以认同它，这样我就可以整合自己了。

克： 你瞧瞧这种做法！这些都是我们在自己身上玩儿的把戏。请务必好好听，先生。是谁在说这些？你努力让自己认同恐惧。

问： 我就是那个恐惧。

克： 啊！等一下。如果你就是恐惧，就像你说的那样，然后会怎么样？

问： 当我与它达成了谅解，它就开始减弱了。

克： 不，不是达成谅解！当你说你就是恐惧，恐惧就不是某种与你分开的东西。然后会怎样？我是棕色人种，我害怕做棕色人种，但是我说：

"好吧，我是棕色人种"，然后就到此为止了，不是吗？我不逃避这一点。然后会发生什么？

问：接受。

克：我会接受它吗？恰恰相反，我会忘记自己是棕色人种。我想了解自己。我必须彻底地、充满热情地了解自己，因为那是一切行动的基础；没有那种了解，我就会过一种无比困惑的生活。要了解我自己，我就不能追随任何人。如果我追随任何人，我就无法了解。了解意味着过去不加干涉，因为我自己是某种非同寻常、生机勃勃、变动不居、活力四射的东西；所以我必须用崭新的心灵，以全新的视角去看它。如果过去总是在运作，崭新的心灵就无法存在。这是事实，我看到了这一点。然后在看到这一点的过程中，我意识到自己很恐惧。我不知道会发生什么。所以我想了解恐惧——你明白吗？我始终在了解的活动中运转。我想了解自己，然后我认识到了一件事——一个深刻的真理。我想了解恐惧，那就意味着无论如何我都一定不能逃离它。我一定不能抱有任何一种形式微妙的逃离它的欲望。那么，一颗能够毫无分别地看着恐惧的心会怎样？分别就是企图除掉它，就是各种形式微妙的逃避、压抑之类。心面对着恐惧，不存在任何逃离的问题，此时那颗心会怎样？拜托，请你用心去搞清楚。

——选自《不可能的问题》，萨能，1970 年 8 月 2 日

安全感

　　当恐惧存在，悲伤便会如影随形。所以我们必须探究恐惧的问题。一个特定的人会害怕什么？从根本上讲，恐惧意味着什么？不安全感？一个孩子需要彻底的安全感，而父母把越来越多的时间用来工作，家庭变得破碎，父母最关心的是他们自己——他们的社会地位，赚更多的钱，拥有更多的冰箱、汽车，更多的这个和那个，他们没时间把彻底的安全感给予孩子。安全感是生活中最重要的东西之一，不仅对你我如此，对每个人都是一样。无论是那些住在贫民窟里的人，还是那些住在宫殿里的人，对他们来说，安全感都是必不可少的。否则大脑就无法有效地、清醒地运转。看看这个过程。我需要安全感，我必须有吃有穿有地方住，每个人也都是如此。如果我幸运的话，我就可以从物质上安排这些事情。但是在心理上拥有彻底的安全感，就要困难多了。所以我就在信念中、结论中、国家中、家庭中或者经验中寻找安全感，当那些经验、家庭、信仰

受到了威胁，恐惧就出现了。当我必须面对内心的危险，也就是不确定性，

面对某种我不知道的东西、面对明天时，恐惧就出现了。此时就有了恐惧。

还有，当我拿自己跟我认为更伟大的你进行比较时，恐惧也会出现。

——萨能，1972 年 7 月 25 日

让心灵清除恐惧

我想探讨一件你们中的一些人可能不太熟悉的事，那就是让心灵清除恐惧的问题。我希望非常深入地探究这个问题，但并非穷究细节，因为每个人都可以自己去补充细节。

心有没有可能让自己彻底清除恐惧？任何类型的恐惧都会滋生幻觉，它会令心灵迟钝、肤浅。只要有恐惧，显然就不会有自由，而没有自由也就根本不可能有爱。我们大部分人都有某种形式的恐惧：害怕公众舆论，害怕身体上的疼痛，怕黑，怕蛇，怕老，怕死。我们确实有不计其数的恐惧。那么有没有可能彻底摆脱恐惧呢？

我们可以看到恐惧对我们都做了什么。它让人撒谎，它以各种方式腐化着我们，它让心灵空洞、浅薄。只要你害怕，内心深处就会有一些黑暗的角落永远无法被探究、被显露。身体上的自我保护，本能地避开毒蛇，从悬崖退后，避免摔到电车底下，等等，都是理智的、正常的、健康的。但我谈的是心理上使人害怕疾病、死亡和敌人的自我保护。当我们寻求任何一种形式的成就，无论是借助绘画、音乐、关系或任何事情，恐惧便在所难免。所以，重要的是觉察自己内心的这整个过程，观察它、了解它，而不是问如何才能去除恐惧。如果你只是想去除恐惧，你就会找到各种方法和手段逃避它，因而就永远无法从恐惧中解脱出来。

如果你考虑恐惧是什么以及如何着手处理它，你就会发现对我们大多数人来说，词语比事实重要多了。拿"孤独"这个词来说，我用这个词指的是那种莫名其妙地降临在一个人身上的孤立感。我不知道这种情况是否曾经发生在你身上。尽管你可能被你的家人、你的邻居所围绕，尽管你可能与朋友一起在散步，或者坐在一辆拥挤的巴士上，但你突然觉得自己是完全孤立的。从对那种经验的记忆中，就产生了对隔绝、对孤独的恐惧。或者你依恋某个已经故去的人，你发现剩下自己孤零零一个人，与世隔绝。感受到了这种孤立感，你就通过听广播、看电影来逃避它，或转身投靠性、酒精，或去教堂敬拜上帝。无论你去教堂还是吃药，都是一种逃避，而所有的逃避本质上都是一回事。

"孤独"这个词妨碍了我们去彻底了解那种状态。这个词，与过往的经验联系到一起，会唤起危机感并制造恐惧，因而我们试图逃离它。请观察你自己，就像透过一面镜子，而不只是听我讲，然后你就会发现，词语对我们大多数人来说具有非同寻常的重要性。比如"上帝""共产主义""地狱""天堂""孤独""妻子""家庭"这些词——它们对我们的影响简直令人瞠目结舌。我们是这些词语的奴隶，而成为了词语奴隶的心，将永远无法摆脱恐惧。

觉察并了解自己内心的恐惧，并不是用词语来诠释那种感受，因为词语与过去、与知识关系密切。而就在对恐惧不诉诸语言的了解过程中——而不是获取任何有关的知识——你就会发现心彻底清空了所有的恐惧。这意味着你必须非常深入地探究自己，抛开一切词语。而当心灵懂得了恐惧的全部内容进而清空了恐惧，包括有意识的和无意识的，此时一种纯真状态就会降临。对于大多数基督教徒来说，"纯真"一词不过是个符号，但我说的是真真正正地处于纯真的状态中，那就意味着没有恐惧，因而心立刻达到了完全的成熟，而无需经历时间的过程。只有当存在对每一个想法、每一个词语、每一个动作的全然关注和觉察时，那才是可能的。心全神贯注，没有词语的屏障，没有解释、辩护或者谴责。

如此的一颗心即是自己的明灯，而作为自身明灯的心无所畏惧。

——萨能，1962 年 8 月 2 日

抵抗恐惧并不能终结恐惧

如果你生活在一个小村子里，那么你的邻居如何看待你就显得尤为重要了。你害怕无法实现自我、无法达成愿望、无法取得成功。你知道各种各样的恐惧。

只是抵抗恐惧并不能终结恐惧。语言上、智力上，你可能足够聪明，可以将恐惧合理化，并建造一堵围墙来抵抗它，然而那堵墙背后还是会有恐惧在不停地啮咬。除非你从恐惧中解脱出来，否则你无法恰当地思考、感受或者生活。你活在黑暗之中。各种宗教一直借助地狱之类的玩意儿培植那种恐惧。还有对国家及其暴政的恐惧。你必须顾及公众、国家、独裁者，顾及那些知道什么对你有益的人，比如"老大哥"① 和"大家长"。有没有可能真正地、彻底地摆脱恐惧？如果你能探讨它，你是可以了解它的。如果你说："我无法摆脱它，我该怎么办？"那没什么问题。有人

---

① 　　指独裁者，出自英国小说家乔治·奥威尔的小说《1984》。——译者

会来告诉你怎么办的，但是你就会一直依赖那个人，进而落入另一个范畴的恐惧。

问：我们意识到危险进而产生恐惧，这也许说明存在某种问题。

克：不，那是一种健康的反应，否则你就会被杀死。当你来到一个悬崖边上，如果你就是不害怕或者不当心，你就会身陷巨大的危险。但那种恐惧，那种身体上的恐惧，也会制造心理上的恐惧。这是一个非常复杂的问题，这不只是说一句"我害怕这个或那个，我来把它消除"就完了的事。为了了解它，你就必须首先非常清楚词语的意义，你必须认识到词语并非恐惧的事实，而是词语会引发恐惧，这整个无意识的结构就是文字化的。"文化"一词就会引起来自记忆的深层反应——意大利文化、欧洲文化、印度文化、日本文化、中国文化。探讨这个问题非常有趣。无意识是由记忆、经验、传统、宣传和词语构成的。你有了一个经验，然后你做出反应。那个反应被翻译成词语："我很开心"，"我不开心"，"他伤害了我"，然后那些词语留存了下来。它们会唤起并强化日常生活中的经验。

比如说你侮辱了我，这留下了一个痕迹，这个痕迹被与那种感受联系到一起的词语、记忆所强化、所深化，而那些实际上只是一个词、一种传统。理解这一点很重要。在亚洲的某些国家里，在印度，在某些人群中，传统无比强大，比这里强大得多，因为他们存在的历史更为悠久。作为一个古老的国家，他们有着一万多年的传统，更加根深蒂固。词语会引发记忆和联想，这些都是无意识的一部分，它也会带来恐惧。

以"癌症"一词为例。你听到这个词之后，关于癌症的各种观念和想法就会马上涌现出来——疼痛、痛苦、苦难，还有这个问题："我有癌症吗？"词语对我们来说异乎寻常的重要。词语、句子，在组织起来以后就变成了一个观念——以某个模式为基础，然后就牢牢控制了我们。

词语并非事实本身，"麦克风"这个词并不是麦克风本身。但一个词可以通过联想和回忆带来恐惧或者快乐。我们是词语的奴隶，若要充分地审视任何事情，若要观察，我们就必须摆脱词语的限制。如果我是个印度教徒和一名婆罗门，或者是一个天主教徒、一个新教徒、一个圣公会 ① 信徒，或者一个长老会 ② 教徒，若要观察，我就必须摆脱那些词语及其所有的联想，而这是极其困难的。当我们热切地探询和审视时，困

---

① 英国国教会。——译者
② 苏格兰国教及美国最大教会之一。——译者

难就会消失。

无意识即是储存起来的记忆，借由一个词语，无意识就可以活跃起来。经由一种气味，或者因为看到了一朵花，你立刻就会浮想联翩。那个仓库，那些存货，就是无意识，而我们一直对它大惊小怪。它实际上根本无足轻重。它就像有意识的心灵一样琐碎和肤浅。两者都可以是健康的，同时也有可能都是不健康的。

词语会引发恐惧，但词语并非事实。恐惧是什么？我害怕的是什么？请注意，我们是在探讨。看看你自己的恐惧。你也许害怕自己的妻子，害怕失去你的工作或者你的声誉。

恐惧是什么？让我们暂且以死亡这个问题为例。这是一个非常复杂的问题。我害怕死亡。这个恐惧是如何产生的？显然，它是通过思想产生的。我见过别人死去，我也会死去，或痛苦或平静，而思考就引发了这种恐惧。

问：最强大的恐惧之一是对未知的恐惧。

克： 死亡就是未知。我只是拿它来做例子。你可以替换成你自己的恐惧——害怕你的丈夫、你的妻子、你的邻居，害怕生病，害怕无法成功，害怕无法去爱，害怕没有足够的爱，害怕没有智慧。

问：毫无疑问，在某些情况下恐惧是有充分理由的。比如说，一个人害怕自己的妻子。

克：好吧，他结婚了，他害怕自己的妻子。

问：或者他害怕自己的老板，或者害怕丢了工作。

克：等一下。他为什么要害怕？我们讨论的是恐惧本身，而不是对工作、老板或者妻子的恐惧。恐惧总是存在于与什么的关系当中，它无法抽象地存在。我害怕我的老板、我的妻子、我的邻居，我还怕死。它总是与某个东西有关。以死亡为例，我害怕它，为什么？是什么引发了这种恐惧？显然是思想。我亲眼见过死亡，见过垂死之人。与那相联系、相确认的是这个事实：我，我自己有一天也会死。思想考虑这件事，存在对此事的思考。死亡是不可避免的事情，是一件推得越远越好的事。我无法把它推得远远的，除了借助思想。我还有好长的一段距离，有好多年分配给了我。当死亡来临，到我该走的时候了，我就离去；但是与此同时，我一直尽量把它推开。思想，借助联想，借助认同，借助记忆，借助宗教或社会环境，借助经济条件，把死亡合理化，接受它，或者发明出一个来世的概念。我能不能跟一个事实直接接触？我害怕我妻子，这个例子要简单多了。她控制我，我可以为我对她的恐惧举出一打的理由。我能看到恐惧是如何产生的。我如何才能摆脱它？我可以请求她，我可以离家出走，但那解决不了问题。我如何才能摆脱那种恐惧？看看这个问题。我害怕我妻子。她对我抱有一个形象，我对她也有一个形象。我们之间没有真实的关系，可能除了身体之外。此外就纯粹是意象之间的关系了。我并不是悲观，而是这是一个事实，对吗？也许你们结了婚的那些人知道得比我更清楚。

问：是不是她抱有一个你很弱的形象，而你抱有一个她很强的形象？

克：粗暴而又强硬。你有成堆的理由，先生，但是真正的关系根本不存在。有关系意味着相互联结。一个意象怎么可能跟另一个意象有关系呢？意象只是一个观念、一个记忆、一个回想、一个回忆。如果我真的想摆脱恐惧，我就必须摧毁我对她的意象，她也必须摧毁她对我的意象。我可以摧毁我的，或者她也可以摧毁她的，但单方面的行动并不会带来从唤起恐惧的关系中解脱的自由。我要彻底打碎对你的意象。我看着它，然后懂得了关系是什么。我彻底打破了那个意象。然后我就与你发生了直接的联系，而不是与你的形象。但你也许还没有打破你的意象，因为它会给你带来快乐。

问：这就是障碍所在，我还没有打破我的意象。

克：所以你依然如故，而我说："好吧，我对你没有意象。"我不再怕你。只有当有了直截了当的接触，恐惧才会止息。如果我在任何一个层面都没有逃避，我便可以面对事实。我可以面对 10 年或 20 年后我将会死去的事实。我必须了解死亡，从身体上与它发生有机的联系，因为我还活着。我有很多能量，我依然健康、充满活力。身体上，我不能死去，但心理上，我可以死去。

这需要大量的观察、探究、工作。死去意味着你必须每天都死去，而不只是从现在起的 20 年后。你每天都对所知的一切死去，除了技术方面。你对你妻子的意象死去，每天都对你拥有的快乐、痛苦、记忆、经验死去。否则你就无法与它们发生联结。当你对它们统统死去，恐惧就终止了，你就会焕然新生。

——罗马，1966 年 4 月 7 日

教育的功用在于根除恐惧

我想探讨一个也许相当有难度的话题，但我们会尽可能把它变得简单直接。你知道我们大多数人都有某种恐惧，不是吗？你知道你特定的恐惧是什么吗？你也许害怕你的老师、你的监护人、你的父母，害怕年纪大的人，或者害怕蛇、水牛，或者害怕别人说的话，或者害怕死亡等等。每个人都有恐惧，但对于年轻人来说，恐惧都是相当表面的。当我们逐渐长大，恐惧就会变得更加复杂、更加棘手、更加微妙。你们懂"微妙""复杂""棘手"这些词，对吧？比如说，我想成就自我，我不是个上了年纪的人，我想在某个特定的方面成就自我。你知道"成就"是什么意思吗？每个词都很难懂，是吗？我想成为一名伟大的作家。我觉得如果我能够写作，我妻子会很开心。所以我想写作。但我出了意外，我瘫痪了，余生我都很恐惧、很沮丧，我觉得自己没有活过，于是那就变成了我的恐惧。所以，当我们年纪越来越大，各种形式的恐惧就产生了：

害怕被抛下，从此孤身一人，没有朋友，孤独无依，害怕失去财产、没有地位，还有其他各种类型的恐惧。但我们现在先不细究那些微妙棘手的恐惧类型，因为它们需要更多的思考。

重要的是我们——你们年轻人和我——应当思考恐惧这个问题，因为社会和年长的人都认为恐惧对于保证你行为端正是必不可少的。如果你害怕你的老师或者父母，他们就可以更好地控制你，不是吗？他们可以说"做这个，不要做那个"，而你会忙不迭地服从他们。所以，恐惧被当作了一种道德压力。比如，在一个大班级里，老师会利用恐惧作为控制学生的手段，不是吗？社会说恐惧是必不可少的，否则公民、人们就会外流，就会行为野蛮。恐惧因而变成了控制人们的必要手段。

你知道恐惧也被用来教化民众。全世界的宗教都利用恐惧作为控制民众的手段，不是吗？他们说，如果你这辈子不做某些事情，你来生就要付出代价。尽管所有宗教都宣扬爱，尽管他们宣扬兄弟之情，尽管他们大肆谈论人类的团结，但他们全都或微妙或残忍或明目张胆地维系着这种恐惧感。

如果你们一个班有很多学生，教师如何才能控制你们？他控制不了。他得发明各种控制你们的办法和手段。所以他说："要竞争，要变得像那个比你聪明很多的男生一样。"于是你加倍努力，你内心就有了恐惧。

你的恐惧通常会被用作控制你的手段。你明白吗？因为恐惧会腐蚀心灵，所以教育应该根除恐惧，应该帮助学生摆脱恐惧，这难道不是非常重要吗？我认为，在这样的一所学校里，一切形式的恐惧都应该被了解、被驱散、被消除，这一点非常重要。否则，只要你有任何一种恐惧，它就会扭曲你的心灵，你就永远无法拥有智慧。恐惧就像一片乌云，当你心怀恐惧，你就像是心里带着一片乌云走在阳光下，总是战战兢兢。

所以，教育的功用难道不是让你受到真正的教育吗？——那就是，了解并摆脱恐惧。举例来说，假设你对你的舍监或者老师不告而别，然后你回来编了个故事说你是跟谁谁谁在一起的，而实际上你是去看电影了，这就说明你很害怕。如果你不害怕老师，你就会认为你可以做自己想做的事，而老师也这么认为。但是对恐惧的了解，内涵非常丰富，其意义远远超过了只是为所欲为。你知道存在身体的自然反应，对吗？当你看到一条蛇，你就会跳开。那不是恐惧，因为那只是身体的自然反应。在危险面前，身体做出反应，它跳开了。当你看到悬崖峭壁，你就不会盲目地沿着它走。那不是恐惧。当你看到危险，或者看到一辆车疾驰而来，你会一溜烟地闪开。那不是恐惧的表现。那些是保护自己免遭危险的身体反应，这种反应并不是恐惧。

当你想做一件事却受到阻碍时，恐惧就会出现，不是吗？这是一种类型的恐惧。你想去看电影，你想去贝拿勒斯玩一天，可老师说不行。学校有很多规定，而你不喜欢这些规定。你想离开，所以你借口溜掉，然后你再溜回来。老师发现你不在了，而你害怕惩罚。所以，当你觉得自己会受到惩罚时，恐惧就出现了。但是，如果老师很温和地跟你谈谈你为什么不应该进城，跟你解释清楚各种危险，比如吃的东西不干净之类，你会明白的。即使他没时间跟你解释和深入探讨"你为什么不该去"这整个问题，但是因为你也思考了，所以你的智慧被唤醒了，弄清楚了你为什么不该去。然后就没有问题了，你就是不去了。如果你想去，就好好探讨这个问题然后把它搞清楚。

为证明你摆脱了恐惧而为所欲为，这并不是智慧。勇气并不是恐惧的反面。你知道人们在战场上是非常勇敢的。因为各种原因，他们喝酒，或者做各种事情让自己觉得有勇气，但那并不是从恐惧中解脱。这些我们就不细说了，我们暂且先讲到这儿。

教育难道不应当帮助学生从各种恐惧中解脱出来吗？——也就是说，从现在开始了解生活中的所有问题、性的问题、死亡的问题、公众舆论的问题、权威的问题。我会探讨所有这些话题，所以当你离开这个地方时，尽管世界上还有恐惧，尽管你还有自己的野心、自己的欲望，但你会了解它们进而摆脱恐惧，因为你知道恐惧非常危险。所有人都害怕这种或那种东西。大多数人都不希望犯错误，不希望走错路，特别是在他们年轻的时候。所以他们以为如果能追随某个人，如果他们能听从别人，他们就会被告知做什么；通过这种做法，他们就会达成某个目标、某个目的。

我们大多数人都非常保守。你知道这个词是什么意思吗，你知道什么是保守吗？是抓住、看守。我们大多数人都想保持体面，所以我们想做正确的事，我们想遵守正确的行为准则，如果你非常深入地探究这个问题，你就会发现那是恐惧的一种表现。为什么就不能犯错，为什么就不能把事情搞清楚？但心存恐惧的人通常会想："我必须做正确的事，我必须看起来很体面，我一定不能让公众以为我怎么样或者不怎么样。"这样的一个人从根本上、从本质上真的非常恐惧。一个野心勃勃的人实际上是一个非常恐惧的人，而一个恐惧的人是没有爱、没有同情心的。那就像是一个被封闭在围墙背后、封闭在一间屋子里的人。在我们还年轻的时候就了解这件事、了解恐惧，是非常重要的。正是恐惧让我们服从，但是，如果我们可以一起探究、一起思考、一起讨论这个问题，那么我也许就能够了解它，然后再付诸行动。但是强制我、逼迫我去做一件我不明白的事，就因为我害怕你，那就是错误的教育了，对吗？

因此，在这样的一个地方，教育者和被教育者都要了解这个问题，这一点在我看来非常重要。创造性，具有创造性——你知道那是什么意思吗？写一首诗具有部分创造性，画一幅画，观察并爱上树木、河流、鸟儿、人们和地球，感受到地球是我们的——这在某种程度上也具有创造性。但是，当你心怀恐惧，当你说"这是我的，这是我的国家、我的班级、我的集体、我的哲学、我的宗教"，那种感受就被破坏掉了。当你抱有那种感觉，你便不再具有创造性，因为那是恐惧的本能在支配"我的""我的国家"这种感觉。归根结底，地球既不是你的也不是我的，它是我们大家的。如果我们能够以这种方式思考，我们就会创造一个截然不同的世界——不是美国人的世界、俄罗斯人的世界，也不是印度人的世界，而是我们大家的世界，既是你的也是我的，既是富人的也是穷人的。但是困难在于：当恐惧存在，我们便无法创造。一个恐惧的人永远无法发现真理或者神。在我们所有的膜拜、偶像、仪式背后，存在的是恐惧，因此你的神明并非神明，它们不过是石头而已。

所以，当我们还年轻时，去了解恐惧这件事，是非常重要的。而只有当你知道你心怀恐惧，当你能够看着自己的恐惧时，你才能了解它。但那需要非凡的洞察力，我们这就来讨论这一点。因为这是一个深刻得多的问题，年长一些的人也可以探讨，所以我们就和老师们一起来讨论。但是，帮助被教育者了解恐惧，是教育者的职责所在。应当由老师们帮助你了解你的恐惧——而不是压抑它，也不是限制你——于是，当你离开这个地方的时候，你的心非常清晰、非常敏锐，没有被恐惧所败坏。正如我昨天所说，年长的人没有创造出一个美丽的世界，他们内心充满了黑暗、恐惧、腐败和竞争；他们没有创造出一个美好的世界。也许，如果你们将来走出拉杰哈特、离开这个地方的时候，能够真正摆脱所有的恐惧，或者懂得如何面对自身和他人的恐惧，那么也许你们就会创造一个截然不同的世界，不是一个共产主义或者印度国大党等等的世界，而是一个迥然不同的世界。诚然，这便是教育的功用。

学生：我们如何才能摆脱恐惧？

克：你想知道如何摆脱恐惧吗？你知道你都害怕什么吗？慢慢跟我一起来探索。恐惧总是与某种东西有关，恐惧本身并不是单独存在的。

它存在于跟一条蛇、跟父母告诉老师的话、跟死亡的关系中，它是与某种东西有关的。你明白吗？恐惧并不是独立存在的东西，它存在于联系中、关系中，与其他东西的联系之中。你有没有意识到、觉察到你的恐惧与别的东西有关？你知道自己害怕吗？你难道不害怕你的父母吗？你难道不害怕老师吗？我希望你不害怕，但很可能你确实害怕。你难道不害怕考试不及格吗？人们应该觉得你很友好、很体面并且说你是个了不起的人，你难道不为此担心吗？你难道不害怕吗？你不知道自己的那些恐惧吗？我在试着说明你是如何抱有恐惧的，你和我现在都已经失去兴趣了。所以首先你必须知道你害怕什么。我会跟你慢慢地解释。然后你也必须了解心灵，了解它为什么害怕。恐惧是某种脱离心灵存在的东西吗？还是说，是心造成了恐惧，无论是因为它有记忆，还是因为它把自己投射到了未来？你最好去骚扰你们的老师，直到他们把所有这些事情都给你解释清楚。你们每天花一个小时来学数学或者学地理，但你们甚至连两分钟都不愿意花在这个最为重要的人生问题上。你们难道不应该花更多的时间和你们的老师探讨"如何摆脱恐惧"这个问题吗？而不是仅仅讨论数学或者阅读教科书。

基于任何一种恐惧的学校都是一个腐朽不堪的学校，它不应该那样。

了解恐惧这个问题，需要老师和学生两方面都具备极大的智慧。恐惧会造成腐化，而要从恐惧中解脱，你就必须了解心是如何制造恐惧的。恐惧这回事并不存在，除了心灵制造的产物。心需要庇护所，心需要安全感，心有各种形式的自我保护的野心；而只要那些东西存在，你就会有恐惧。了解野心、了解权威，是非常重要的，两者都是所谓"毁灭"的征兆。

——与拉杰哈特学校学生的谈话，1954 年 1 月 5 日

直接接触恐惧

大多数人身体上和内心都有恐惧。恐惧只存在于跟某种东西的关系中。我害怕生病，害怕身体上的疼痛。我从前经历过，于是我害怕它。我害怕公众舆论，我害怕丢掉工作，我害怕无法到达、无法成功、无法实现。我害怕黑暗，害怕自己的愚蠢，害怕自己的卑微。我们有如此之多的各种恐惧，而我们试图以碎片化的方式解决这些恐惧。我们似乎无法超越恐惧。如果我们认为自己懂得了某个特定的恐惧，然后消除了它，另一个恐惧就会出现。当我们意识到我们害怕了，我们就会试图逃离它，试图找到一个答案，试图发现该怎么办，或者试图压抑它。

我们人类狡猾地建立了一个逃避的网络：上帝、娱乐、饮酒、性，诸如此类。所有的逃避都是一回事，无论是以上帝之名还是以酒醉之名！如果我们要活得有个人样，我们就必须解决这个问题。如果我们活在有意识或者无意识的恐惧中，那就像活在黑暗里，内心充斥着巨大的冲突和抗拒。恐惧越强烈，压力越大，神经质越严重，就越渴望逃离。如果我们不逃避，那么我们就会问自己："我们如何才能解决它？"我们寻求各种解决它的办法和手段，但始终限于已知的领域中。我们对它采取行动，而这种思想滋生的行动属于经验、知识、已知的领域之内的行动，因此没有答案。这就是我们的做法，然后我们再带着恐惧死去。我们毕生都与恐惧生活在一起，然后再带着恐惧死去。那么，一个人能不能彻底根除恐惧？我们能否做些什么，还是什么都不能做？什么都不能做并不意味着我们接受了恐惧、将它合理化然后忍受它，那不是我们所说的那种不行动。

针对恐惧我们已经做了我们所能做的一切。我们分析过它，研究过它，曾经试图面对它、直接接触它，也抵抗过它，做了所有可能的事，可那个东西依然如故。有没有可能全然地觉察它，并非仅仅从智力上、情感上，而是彻底地觉察它，但同时又不对它做什么？我们必须直接接触恐惧，但我们没有。"恐惧"这个词造成了那种恐惧，这个词本身就妨碍了我们去接触事实。

——巴黎，1966 年 5 月 22 日

恐惧存在于对现实的逃离中

我们应该彻底地探讨一下恐惧这个问题，把它完全弄明白，这样我们就能去除恐惧了。这是可以做到的，这并非仅仅是个理论，或者一个希望。如果你给予恐惧这个问题全部的注意力，探索你是如何走近它、看待它的，那么你就会发现心灵——备受苦难的心，忍受了如此多痛苦的心，与巨大的悲伤和恐惧共存的心——将会彻底摆脱恐惧。若要探究这个问题，你就不能抱有会妨碍我们了解"现在如何"的真相的偏见，这一点是绝对必要的。一起开始这次旅行，就意味着既不接受也不拒绝，既不对自己说"根除恐惧是绝对不可能的"，也不说那是可能的。你需要一颗自由的心来探询这个问题，一颗没有得出结论的心，可以自由地观察、自由地探索。

心理上、身心上的恐惧有如此之多的形式。要一一探讨这众多的恐惧形式，探讨每一个方面，将会花费大量的时间。但是我们可以观察恐惧的普遍特征，可以观察恐惧一般性的本质和结构，而不是迷失在自己特定形式的恐惧的细节里。当我们了解了恐惧的本质和结构，我们就可以带着这种了解来处理特定的恐惧了。

一个人可能对黑暗恐惧；一个人可能害怕自己的妻子或者丈夫，或者害怕公众说什么、想什么、做什么；一个人可能害怕孤独的感觉，或者害怕生命的空虚，害怕自己过的那种毫无意义的无聊生活。或者一个人对未来恐惧，害怕明天的不确定、不安全，或者害怕炸弹飞来。一个人可能害怕死亡，害怕自己生命的结束。恐惧的形式有很多种，既有神经质的恐惧，也有清醒的、理智的恐惧——倘若恐惧可以是理智的、清醒的。我们大多数人都神经质地害怕过去、害怕今天、害怕明天，所以恐惧当中涉及了时间。

不止有能意识到、能觉察到的恐惧，还有那些潜藏在一个人心灵深处的未被发现的恐惧。一个人要如何处理能意识到的恐惧，以及那些隐藏的恐惧？毫无疑问，恐惧存在于对"现在如何"的逃离中，是逃跑、躲避、回避事实，而那就带来了恐惧。同时，如果有任何形式的比较，就会滋生恐惧——你现在如何跟你认为自己应该如何之间的比较。所以说恐惧存在于对当下事实的逃离之中，而不是在你逃避的那个对象之中。

这些恐惧的问题没有一个能通过意志力——跟自己说"我不能害怕"——来解决。这种意志力行为没有任何意义。

我们在考虑一个非常严肃的问题，你必须为此付出全部的注意力。如果你在演绎或者诠释，或者把我说的和你已经知道的进行比较，你就无法付出注意力。你必须倾听，这是你必须学习的一门艺术，因为你通常总在比较、评价、判断、同意、拒绝，而根本没有倾听；实际上你在阻止自己去倾听。如此完全地倾听，就意味着你要付出全部的注意力，而不是说你要同意或者不同意。当我们一起探索时，没有什么同意或者不同意，只是你用来观察的"显微镜"，也许会不太清楚。如果你透过一架精准的仪器来看，那么你看到的，别人也会看到，所以说没有什么同意或者不同意的问题。当试着探究这整个恐惧的问题时，你必须付出你全部的注意力。除非消除了恐惧，否则它就会让心灵僵死，让心变得迟钝、不敏感。

怎样才能暴露出那些隐藏的恐惧？你可能知道意识里的恐惧——很快就知道该如何处理它们——但是还有潜藏的恐惧，或许那些要重要多了。那么你要如何处理它们，如何揭露它们？它们能通过分析、通过找出它们的原因揭示出来吗？分析能够把心从恐惧中解放出来吗？——不是从某种特定的神经质恐惧，而是从恐惧的整个结构中解脱出来。分析中不仅隐含了时间，还隐含了分析者——花费许多天、许多年，甚至花费你的整个生命，到最后也许你明白了一点点，但届时你已经行将就木了。而谁又是分析者呢？如果他是拥有学位的专家、内行，他也要花时间，他也是诸多形式的局限的产物。如果一个人分析自己，其中就隐含了作为审查官的分析者，他要分析的是他自己制造出来的恐惧。在任何情况下，分析都需要时间。你正在分析的东西和它的结束之间有个时间间隔，在此期间，会出现很多其他的因素把分析引向另一个方向。你必须看清这个真相：分析并非出路，分析者是诸多碎片中的一个，是这些碎片构成了"我"、自己、自我——他是时间的产物，他是局限的。分析意味着时间，分析并不会让恐惧终止，看到了这一点，就意味着你已经把渐进式的改变这个想法完全抛弃掉了，你已经看清，"改变"这个因素本身正是恐惧的主要原因之一。

对讲话者来说，这是非常重要的事，所以他有很强烈的感受，他热情地演讲。但他不是在做宣传，没什么要你们加入进来的事情，没什么要你们相信的东西，而只是去观察、去了解并摆脱这种恐惧。

所以分析并非出路。当你看到了这个事实，那就意味着你不再作为一个会分析、判断和评估的分析者来思考了，于是，你的心就摆脱了那个叫作分析的负担，因此它就能够直接地观察了。

你要怎样来看这份恐惧？你要怎样引出它潜藏的所有部分、所有结构？通过梦吗？梦是醒着的时间在睡眠过程中的一种继续，不是吗？你观察到梦里总是有行为，梦里总是发生着某些事情，就和醒着的时候是一样的，它还是那一整个运动的一部分在继续。所以梦是没有价值的。你瞧正在发生着什么：我们在剔除你已经习以为常的东西——分析、梦、意志力、时间；当你清除了所有这些东西，心就会变得格外敏感——不仅是敏感，而且会变得智慧。有了这份敏感和智慧，现在我们来看看恐惧。如果你真的深入探索这个问题的话，你就会丢弃时间、分析和意志力得以运作的整个社会结构。恐惧是什么？它是怎么出现的？恐惧总是与某种东西有关，它并不是单独存在的。如果存在对昨天发生过什么的恐惧，那与它明天可能会重复有关；总是存在一个关系得以产生的固定的点。恐惧是怎么涉入其中的？我昨天有过痛苦，留下了对它的记忆，我明天不想再经历那种痛苦了。回想昨天的痛苦，一想起那些就引入了昨天痛苦的记忆，然后投射出对明天再有那种痛苦的恐惧。所以是思想带来了恐惧。思想滋生了恐惧，思想也培植了快乐。要想了解恐惧，你必须同时了解快乐——它们是互相关联的，不明白其中之一，你就不能明白另一个。这就意味着你不能说"我只要快乐，不要恐惧"，恐惧是所谓的"快乐"这个硬币的另一面。

——选自《超越暴力》，圣地亚哥州立大学，1970 年 4 月 6 日

如何应对恐惧

现在我们来思考一下恐惧的整体。一颗战战兢兢的心，深陷在自身的焦虑、恐惧感、脱胎于恐惧的希望和绝望之中——这样的心显然是一颗不健康的心。这样一颗心也许会光顾寺庙和教堂；它也许会编织各种理论，也许会祈祷，也许学识渊博，也许外在拥有所有世俗的光环，善于服从、教养良好、礼数周全，表面上行为正直；但是，有着这一切并扎根于恐惧中的这样一颗心——就像我们大多数人的心一样——显然是无法直接洞悉世间万物的。恐惧确实会滋生各种形式的心理疾病。没人害怕神，但是人们害怕公众舆论，害怕不成功，害怕没有成就，害怕没有机会；而从中就产生了这种严重的负罪感——你做了一件不应该做的事；或者在做的过程之中有罪恶感；你很健康而别人却贫病交加；你有吃的而别人却没有。心探询、深入、追问的越多，罪恶感和焦虑感就越大。如果不了解这整个过程，如果不了解恐惧的全部和整体，就会导致各种怪异的行为，圣人的行为和政客的行为——如果你观察，如果你觉察到有意识和无意识的恐惧自相矛盾的本质，你就会发现那些行为全都可以得到解释。你知道各种恐惧——对死亡的恐惧，对没人爱或者对爱的恐惧，对失去的恐惧，对得到的恐惧。你们是怎么解决这个问题的？

恐惧是寻找大师和古鲁的渴望；恐惧是一层体面的外衣，每个人都对它珍爱有加——要体面。我并没有说任何不属实的事情，所以，你可以从自己的日常生活中看到这一点。恐惧这种非同寻常的、无处不在的品质——你是如何处置它的？你仅仅培养勇气这项品质来应对恐惧带来的挑战吗？你明白吗？你是下定决心要勇敢面对生活中的各种事情呢，还是只是通过合理化把恐惧打发掉，为困在恐惧中的心找到一些令它满意的解释呢？你是怎么应对的呢？是打开收音机、读书、朝拜寺庙、抱定某种形式的教义、信条吗？我们来讨论一下要如何应对恐惧。如果你觉察到了它，那么你会采取什么方式来对付这个阴影呢？显然你可以清楚地看到，一颗恐惧的心会慢慢萎缩；它无法恰当地运转；它无法合理地思考。我所说的恐惧不仅仅指意识层面的，同时也包括一个人头脑和内心深处的恐惧。你如何发现它，而当你确实发现了它，你又会怎么办？我问的不是一个随随便便的问题，不要说："他会回答的。"我会回答，但是你必须自己搞清楚。一旦没有了恐惧，也就没有了野心；但是会有因为热爱某件事而产生的行动，而不是因为人们认可你所做的事。那么，你是怎么应对它的呢？你的反应是什么？

显然，我们通常对恐惧的反应是把它推到一边，然后从中逃避，借助意志力、决心、抗拒和逃避把它掩盖起来。这就是我们的做法，先生们。我并没有说什么耸人听闻的事。所以恐惧就像影子一样跟着你，你没有摆脱它。我说的是恐惧这个整体，而不只是某个特定的恐惧状态——害怕死亡或者害怕你的邻居会怎么说，害怕自己的丈夫或孩子会死去，害怕妻子会跑掉。你知道恐惧是什么吗？每个人都有自己特定形式的恐惧——不是一种，而是很多种恐惧。有任何一种恐惧的心显然都无法拥有爱、同情和温柔这些品质。恐惧是人身上的破坏性能量，它让心灵枯萎，让思想枯萎，而且会催生各种各样无比聪明和精妙的理论，以及荒唐的迷信、教条和信仰。如果你发现恐惧是破坏性的，那么你要如何着手把心灵擦拭干净呢？

——孟买，1961 年 2 月 22 日

恐惧和爱无法并存

我们正在探究恐惧。要深入恐惧的根源，我们就必须了解大脑、思想为什么活在意象里。你为什么要制造关于未来、关于你的妻子或丈夫、关于讲话者等等的意象、画面，并且与它们共存？你为什么要制造各种画面？如果你不制造画面和意象，恐惧还存在吗？我们必须首先探讨这个问题：思想为什么培植这些复杂的画面、意象，让我们活在其中？我们必须问问思想是什么。我们正在审视恐惧，而若要非常深入地探究这个问题，你就必须探询思想为什么要制造关于未来或者过去的画面——这滋生了恐惧——并且探究思想是什么。除非你懂得了这些，否则你无法与恐惧面对面。你会回避它，你会从中逃离。因为恐惧是一个活生生的东西，你无法控制它，你无法压抑它。

如果你出于恐惧而行动，你就迷失了。恐惧和爱无法并存。这个国家中没有爱，有的只是奉献和崇敬，但是没有爱。献身于你的古鲁、你的神明、你的理想，不过是自我崇拜。那是自我崇拜，因为是你造就了你的古鲁、你的理想、你的神明，是你制造了它们，思想制造了它们，你的祖先制造了它们，而你接受了那些，因为它们让你感到满足，给了你安慰。所以你是献身给了你自己。吞下那颗药丸然后苟且偷生！所以我们说的是，既然爱与恐惧无法并存，而我们就活在恐惧里，那么另一个东西便无法存在。而当你有了那另一样东西，你就拥有了完整的生命，然后无论你做什么，都将是正确的行动。但是恐惧无法带来正确的行动。所以当你了解恐惧时，要了解恐惧的根本，深入到恐惧最深的根源，那时大脑所受的压力将不复存在。于是，大脑再一次变得清新、纯真，而不是像现在这样疲惫、僵硬、固化、丑陋。

所以拜托，如果你还没有理解这一点，那就花一个小时和自己静静地待在一起，去把它搞清楚。你也许会哭，你也许会叹气，你也许会掉眼泪，但是要搞清楚如何没有一丝恐惧地活着。然后你便会懂得爱为何物。

——孟买，1978 年 1 月 22 日

时间带来了恐惧

　　既存在显而易见的心理上和身体上的恐惧，也存在那些深藏的、你没有意识到的恐惧。

　　存在对不安全感的恐惧，害怕没有工作，或者有了工作，害怕失去它们，害怕会发生各种各样的罢工，等等等等。所以我们大多数人精神都相当紧张，害怕身体上没有彻底的保障。显然如此,但是为什么会这样？是不是因为我们总是把自己作为一个国家、一个家庭、一个组织孤立开来？是不是这个缓慢的孤立过程——法国人孤立自己，德国人等等也是一样——逐渐为我们所有人带来了不安全？我们能不能观察这一点，而且不单从外在来观察？通过观察外界所发生的事，确切地知道如今都发生着什么，从那里我们就可以开始探究自己的内心了。否则我们就没有了依据，否则我们就会欺骗自己。所以我们必须从外在开始，然后向内进发。那就像是涨涨落落的潮汐，它不是固定不动的潮水，而是一直在不停地进进出出。

这种孤立，是每个人部落化的表现，它造成了我们身体安全的缺乏。如果你能如实地看到这个真相，而不是从道理上接受了一个观点或者一个文字解释，那么你就不会再属于任何组织、任何国家、任何文化、任何组织化的宗教，因为它们都是如此具有分裂性——天主教、新教、印度教等等。你会这么做吗，就在我们一起探讨的时候？你会丢掉那些虚假的、不真实的、没有任何价值的东西吗？尽管我们认为它们有价值，但是如果你观察的话，你会发现国家的划分实际上催生了战争。所以，我们能否抛弃那些，于是我们就可以从外在实现人类的统一？而这种统一只能通过宗教得来，但不是通过我们现有的这种冒牌的宗教。我希望我没有冒犯任何人。天主教、新教、印度教、伊斯兰教都是基于思想的，都是思想拼凑而成的。而思想所造的东西并不神圣，那只是思想而已，只是观念而已。你投射出一个观念，把它符号化，然后膜拜它。在那个符号中，在那个形象中，在那个仪式中，绝对没有任何神圣的东西。如果你真的观察到了这一点，你就从中解脱了出来，你就能够发现真正的宗教是什么，因为它可以把我们团结到一起。

所以，我们可以探究恐惧更为深入的层面，也就是心理恐惧，存在于我们关系中的心理恐惧，与未来有关的内心恐惧，对于过去的恐惧——也就是，对于时间的恐惧。请注意，我不是一个说教一番然后回去接着过自己腐烂生活的教授或者学者。这是一件非常非常严肃的事，它影响到我们所有人的生活，所以请付出你的注意力来关注这个问题。关系中存在恐惧，对不确定性的恐惧，对过去和未来的恐惧，对不知道的恐惧，对死亡的恐惧，对孤独的恐惧，那份痛彻心扉的孤寂感。你也许与别人有某种关系，你也许有很多朋友，你也许结婚了，你也许有孩子，但内心却有这种深刻的隔离感、孤独感。这是恐惧的一个因素。

还有害怕无法取得成就的恐惧。成就的欲望会带来挫败感，其中就有恐惧。还有害怕无法对一切都了了分明的恐惧。所以说存在很多很多形式的恐惧。你可以观察自己特定的恐惧，如果你感兴趣，如果你认真的话。因为一颗有意无意恐惧着的心，可以努力冥想，但是那种冥想只会导致更多的痛苦、更多的腐败，因为一颗恐惧的心永远无法看清真理是什么。我们这就来搞清楚有没有可能彻底地、完全地摆脱所有层面上的恐惧。

你知道，我们此刻从事的工作需要非常仔细的观察：观察你自己的恐惧。而你是如何观察那份恐惧的，则尤为重要。你是如何观察它的？

那是不是你以前记住的、现在回忆起来然后再去看的一个恐惧？还是说，那是一个你以前没时间观察因而依然存在的恐惧？又或者，你的心是不是不愿意去看恐惧？实际情况是哪一个？我们是不是不愿意去看、去观察我们自己的恐惧，因为我们大多数人都不知道如何解决它们？我们要么逃避、逃离，要么分析，以为那样我们就可以摆脱某个恐惧，但那份恐惧依然如故。所以，重要的是发现我们是如何去看那份恐惧的。

我们是如何观察恐惧的？这不是一个愚蠢的问题，因为你要么在它发生之后观察它，要么在它发生的时候就观察它。对我们大多数人来说，观察发生在恐惧发生之后。现在，我们问有没有可能在恐惧出现的时候就观察它。比如说，你受到了另一种信仰的威胁。你固守一种信仰，所以你对这件事感到恐惧。你抱有某些信仰、某些经验、某些观点、判断和评估。当有人来质疑这些，你要么抗拒，建起一道围墙来抵御，要么就害怕自己会受到攻击。那么，你能不能在那个恐惧出现时观察它？你在这么做吗？你是如何观察那个恐惧的？你会认出你称为恐惧的那个反应，因为你以前有过那种恐惧，对它的记忆储存了起来，当那种恐惧出现的时候，你就认出了它，对吗？所以你不是在观察，而是在识别。

识别不会让心灵从恐惧中解脱，它只会强化恐惧。这里有两个因素在运作。你感觉你与那份恐惧是不同的，所以你对它采取措施，控制它，赶走它，将它合理化，诸如此类。这就是你对恐惧做的事，但其中存在一种分裂——我和恐惧——在那种分裂中就有了冲突。然而，如果你观察的话，那份恐惧就是你。你与那份恐惧并无不同。一旦你领会了观察者即是被观察之物这个原则、观察者就是那份恐惧这个事实，那么观察者和恐惧之间的分裂就不复存在了。

然后会怎样？我们先体会一下这个问题。就像我们之前问过的，我们是透过记忆即识别、命名的过程在观察恐惧的吗？那样的话，传统就会说控制它；传统说逃离它；传统说要对它做点儿什么，那样你就不害怕了。所以传统一直教育我们说："我"与恐惧是不同的。你能不能摆脱那个传统然后观察那份恐惧？你能不能观察而没有思想记起那个过去被叫作恐惧的反应？这需要极大的注意力和观察的技巧。在观察中，只有纯粹的感知，没有思想对那份感知的诠释。那么恐惧又是什么？现在我观察到有人威胁到了我抱持的信仰、我坚守的经验、我自认为的成就，因而恐惧出现了。随着对那份恐惧的观察，我们已经来到了这一步：此时你在毫无分裂地观察。

那么，接下来的问题就是：恐惧是什么？害怕黑暗，害怕丈夫、妻子、女友或者无论什么；各种虚幻的和真实的恐惧，等等。抛开这个词，恐惧究竟是什么？那个词不是那个东西本身。你必须非常深刻地认识到这一点：词语并非事物本身。

所以，没有那个词，我们叫作恐惧的又是什么？还是说，是那个词制造了恐惧？是那个词制造了恐惧，那个词就是对以前发生过的事，也就是对我们所谓恐惧的识别。那个词变得重要。比如"英国人""法国人""俄国人"，词语对我们大多数人来说显得极为重要。但是词语并非事物本身。那么，抛开各种各样的表达，恐惧究竟是什么？它的根源是什么？如果我们能够发现它的根源，那么无意识和有意识的恐惧就都可以被了解。一旦你洞察到了那个根本，有意识的心和无意识的心就没有任何重要性了。只有对它的洞察。恐惧的根源是什么？对昨天、对一千个昨天的恐惧，对明天、对死亡的恐惧，或者对过去发生过的事情的恐惧。此刻并没有真实的恐惧存在。请仔细理解这一点。如果死亡突然击倒了我，那就结束了。一切就此了结。你心脏病发作，于是一命呜呼。但是"将来可能会犯心脏病"这个想法就是恐惧。恐惧的根源是否就是时间，而时间即过去的运动，它在此刻加以调整，然后在未来继续？这整个运动，是不是恐惧的肇因、恐惧的根源？

我们在问，思想，也就是时间，是不是恐惧的根源。思想就是运动。任何运动都是时间。恐惧的根源是时间吗？是思想吗？我们能否了解物理以及心理上的整个时间运动？心理时间就是明天，所以明天是不是恐惧的根源？也就是说，我们探讨的是日常生活，而并非只是理论。你能否活得没有明天？去这么做！也就是说，如果你昨天有过身体上的疼痛，昨天就把那个疼痛了结，不要把它带到今天和明天。正是这种延续，也就是时间，带来了恐惧。

你只有践行我们所说的这些，心理上的恐惧才可能彻底终止。厨师可以做一道美味无比的菜肴，但是如果你不饿，如果你不吃，那么它就只能停留在菜单上因而毫无价值。但是，如果你吃了它、践行它、亲自探究它，你就会发现心理上的恐惧绝对是可以止息的，于是，心灵就可以从人类背负的这副可怕的重担中解脱出来。

——布洛克伍德公园，1979 年 9 月 1 日

看着恐惧

你可曾手捧恐惧？你有没有手捧着它，不逃离它，不试图压抑或者超越它，也不对它采取各种行动，而只是看着恐惧的深度，以及它各种非同寻常的微妙之处？只有当你看着恐惧，没有任何动机，也不试图对它做任何事，而只是看着它，你才能觉察到那一切。

——布洛克伍德公园，1984 年 8 月 26 日

心灵究竟能否自由？

对我们大多数人来说，自由只是一个概念，而非一个事实。当我们谈论自由，我们想要的是外在的自由，能够为所欲为，能够四处旅行，能够用各种方式自由地表达自己，自由地思考我们喜欢的内容。自由的外在表现显得格外重要，特别是在有着暴政和独裁的国家中；而在那些外在的自由有可能实现的国家里，人们就会寻求越来越多的享乐、占有越来越多的财物。

如果我们要深入探究自由意味着什么，内心彻底的、全然的自由——进而在社会中、在关系中从外在表达出来——那么在我看来，我们就必须询问：已然受到了严重制约的人类心灵，究竟有没有可能获得自由？它是不是只能在自身局限的疆域里生活和运作，因而根本没有自由的可能？我们可以看到，心从字面上了解到这个地球上内在或外在都没有自由可言，于是，它发明了另一个世界里的自由，一种未来的解脱、天堂，诸如此类。

要抛开所有理论上的、意识形态上的自由的概念，那样我们才能探询我们的心灵，你的和我的心灵，究竟能否真正自由，从依赖、恐惧、焦虑和不计其数的问题中解脱出来，既包括意识中的，也包括深层的无意识中的问题。有没有一种彻底的内心自由，于是人类的心灵可以邂逅某种事物——它不属于时间，并非由思想所拼凑，也并非对日常生活的现实加以逃避？

除非人类的心灵从内在、从心理上彻底自由，否则就不可能发现何为真，发现有没有一种真相——它并非由恐惧发明，并非由我们所处的社会或文化所塑造，也不是对日常的乏味生活连同它的无聊、孤独、绝望和焦虑的逃避。若要探明究竟有没有这种自由，你就必须觉察到自身的局限、问题，觉察到自己日常生活中单调乏味的浅薄、空洞和不足，尤其是你必须觉察到恐惧。你对自己的觉察，一定不能通过内省或者分析的方式，而是要真正地、如实地觉察到自己，看看究竟有没有可能彻底摆脱阻塞心灵的所有那些问题。

若要探索，就像我们将要做的那样，就必须有自由，不是到最后，而是一开始就要有自由。除非你是自由的，否则你无法探索、研究或者审视。若要深入地观察，不仅需要自由，而且还需要观察所必需的纪律；自由和纪律是并行的——而不是为了获得自由你必须恪守纪律。我们用"纪律"一词指的不是公认的、传统的含义，也就是服从、模仿、压抑或者遵照一个设定的模式，而是那个词的词根义，也就是"学习"。学习和自由是比肩而行的，自由会带来它自身的纪律——并非心为了实现某个结果而强加的纪律。这两样东西必不可少：自由和学习的行动。你无法了解自己，除非你是自由的，那样你才能观察，并非依据任何模式、公式或概念，而是实实在在地、如其所是地观察自己。那份观察、那份感知、那份洞见会带来它自身的纪律和学习，其中没有任何遵从、仿效、压抑或者控制——其中就有着浩瀚的美。

我们的心是局限的，这是一个显而易见的事实——被某个特定的文化或者社会所局限，被各种印象、被关系中的紧张和压力所影响，被经济、气候、教育因素所影响，被宗教上的墨守成规等等所影响。我们的心所受的训练就是接受恐惧和逃避恐惧，如果我们能逃避的话，从来没能完全地、彻底地消除恐惧的整个本质和结构。所以我们的第一个问题是：局限如此严重的心灵，能否不仅彻底消除它的局限，而且彻底消除它的恐惧？因为正是恐惧让我们接受了局限。

不要只是听取一堆词句和观念，那些东西真的毫无价值——而是通过对你自身心灵状态的倾听和观察行动，从字面上以及非字面的角度，简简单单地探究心灵究竟能否自由——不接受恐惧，也不逃避，不说"我必须培植勇气、抵抗"，而是真正地、全然地觉察你身陷的恐惧。除非你从恐惧这种特性中解脱出来，否则你无法看得非常清晰、非常深入；显然，只要恐惧存在，爱便无法存在。

那么，心究竟能否真正摆脱恐惧？在我看来——对于任何一个认真的人来说——这都是最为首要与核心的问题之一，必须得到回答和解决。既存在身体上的恐惧，也存在心理上的恐惧。有身体上对疼痛的恐惧，也有心理上的恐惧，比如记得过去有过疼痛，会产生"那种疼痛将来可能再次出现"这样的想法；还有对老去、对死亡的恐惧，对身体上不安全的恐惧，对明天的不确定性的恐惧，对在这个相当丑陋的世界上无法取得巨大成功、无法实现自我、无法成为大人物的恐惧；对毁灭的恐惧，对孤独的恐惧，对无法去爱或者无法被爱的恐惧，等等；既有能意识到的恐惧，也有无意识的恐惧。心灵能否彻底摆脱这一切？如果心灵说不能，那么它就已经让自己变得无能了，它已经扭曲了自己，进而无法感知、无法领悟、无法彻底安静下来；它就像是一颗身处黑暗的心，寻找光明却从未找到，因而发明出了词句、概念和理论这类"光明"。

一颗被恐惧以及它所有的局限所深深负累的心，究竟能否摆脱它？还是说，我们必须接受恐惧是生活中一件不可避免的事？——而我们大多数人确实接受了它、忍受着它。我们该怎么办？我，身为一个人，你身为一个人，要如何除掉这种恐惧？不是除掉某个特定的恐惧，而是恐惧的整体，恐惧的整个本质和结构？

恐惧是什么？请容我建议，不要接受讲话者所说的话；讲话者没有任何权威，他不是一个导师，他不是一个古鲁。因为如果他是一个导师，那么你就成了追随者，而如果你成了追随者，你就毁掉了你自己，也毁掉了那个导师。我们在试着彻底探明恐惧这个问题的真相，那样心就永远不会再恐惧，进而能够摆脱对他人所有内在的、心理上的依赖。自由的美就在于你不留下一丝痕迹。展翅翱翔的苍鹰不会留下一丝痕迹，但科学家会。探究自由这个问题，不仅仅要有科学的观察，还要有苍鹰一般不留一丝痕迹的翱翔。这两者缺一不可，必须既有语言解释，又有非语言的洞察——因为描述永远不是它所描述的事实，解释显然也绝不是解释的对象，词语绝非事物本身。

如果这些都非常清楚了，那么我们就可以继续前进了。我们可以亲自发现——不是借助讲话者，也不是借助他的话语、观点或者思想——心究竟能否彻底摆脱恐惧。

第一部分并不是一个引言，如果你没有听清并理解它，那么你就无法继续进入下一部分。

若要探究，就必须具备看的自由，就必须摆脱结论、概念、理想和偏见，这样你才能自己真正去观察恐惧是什么。而当你非常仔细地观察时，恐惧难道还存在吗？也就是说，只有当观察者就是被观察之物时，你才能非常仔细、非常深入地观察恐惧是什么。我们这就来探究这一点。那么恐惧是什么？它是如何产生的？身体上明显的恐惧可以被了解，比如对身体上遇到的危险，立刻就会产生反应；它们相当容易了解，对此我们没必要讲得太详细。但是我们谈的是心理上的恐惧，这些心理恐惧是如何产生的？它们的根源是什么？这才是问题所在。比如害怕昨天发生的事，害怕某件事今天晚些时候或者明天会发生。还有害怕我们已经知道的事情，以及害怕未知，也就是明天。你自己就可以非常清楚地看到恐惧是从思想的结构中生起的——因为想着昨天发生过的让自己害怕的事，或者因为思考未来，对吗？是思想滋生了恐惧，不是吗？让我们明确这一点，不要接受讲话者说的话，而是自己搞清楚思想是不是恐惧的根源。想着自己以前有过的痛苦、心理痛苦，不想让它再次出现，不希望记忆里的那件事再发生，想着这一切，就滋生了恐惧。我们可以从这里继续探讨吗？除非我们把这一点看得清清楚楚，否则我们就无法再进一步。想着某件事、某次经验、某种状态，那当中曾经有过困扰、危险、悲伤或者痛苦，思想就带来了恐惧。而思想在建立了某种心理上的安全感之后，就不希望那种安全感受到打扰。任何打扰都是一种威胁，进而产生了恐惧。

思想对恐惧负责，思想同时也对快乐负责。你有过一次快乐的体验，思想挂念着它，希望它能够永远持续下去。当这个愿望不可能实现时，就会产生抗拒、愤怒、绝望和恐惧。所以思想对恐惧和快乐都要负责，不是吗？这并不是一个文字结论，也不是一个避免恐惧的方案。也就是说，哪里有快乐，哪里就会有被思想无休止延续的痛苦和恐惧。快乐与痛苦如影随形，这两者是不可分割的，而思想对它们两个都要负责。如果没有可以从恐惧或快乐的角度去思考的明天、下一刻，那么两者将不复存在。我们可以从这里继续探索吗？这是不是一个事实，不是一个概念，而是一件你亲自发现进而千真万确的事，所以你可以说："我已经发现是思想滋生了快乐和恐惧"？你有过性享受、性快感，之后在想象中、在思考的画面中想起那件事，于是，对它的思考本身就给了那种快乐以力量，而那种快乐现在就属于思想的想象了。当它受到了阻挠，就会产生痛苦、焦虑、恐惧、嫉妒、烦恼、愤怒和残忍。然而我们并不是说你一定不能享受快乐。

极乐不是快乐，狂喜并非由思想所引发，它是一种截然不同的东西。只有当你懂得了思想的本质，懂得是它滋生了快乐和痛苦，你才能邂逅极乐或是狂喜。

所以问题就出现了：你能否停止思想？如果是思想滋生了恐惧和快乐——因为只要有快乐，就必定会有痛苦，这相当明显——那么你就会问自己：思想能否终止？——这并不意味着终止对美的感知、对美的享受。那就像是看到一朵云或者一棵树的美，然后全然地、彻底地、充分地享受它。但是，当思想试图明天再次拥有同样的体验，拥有与昨天见到那朵云、那棵树、那朵花、那个美人的脸庞时同样的愉悦，那么它就会招来失望、痛苦、恐惧和快乐。

所以思想能否终止？还是说，这是一个完全错误的问题？这是一个错误的问题，因为我们想要体验一种并非快乐的狂喜或极乐。通过终止思想，我们希望能够邂逅某种无限的东西，某种并非快乐和恐惧的产物的东西。要问问思想在生活中有什么地位，而不是思想如何才能终止。思想与行动和不行动有什么关系？

思想与必要时才产生的行动有什么关系？当你全然享受美的时候，思想究竟为什么要出现？因为，如果它不出现，那么那种享受就不会被带到明天。我想搞清楚——当全然享受一座山、一张美丽的脸庞、一袭水面的美时——为什么思想会出现，将它扭曲，然后说："我明天一定要再次享受那种快乐。"我必须搞清楚思想与行动的关系是什么，搞清楚根本不需要思想的时候，思想是否需要干涉进来。我见到一棵美丽的树，傲立苍穹之下，没有一片叶子，它出奇的美丽，这就够了——到此为止。思想为什么要进来说："我明天必须拥有同样的快乐"？同时我也发现思想必须在行动中运作。行动中的技巧也是思想中的技巧。所以，思想与行动实际上有什么关系？我们如今的行动是基于思想、基于观念的。我抱有一个"应该做什么"的想法或者概念，而所做的事是对那个概念、那个想法、那个理想的靠近。所以行动和概念、理想、"应当"之间有一种分裂，那种分裂中就有冲突。任何分裂，心理上的分裂，都必定会滋生冲突。我在问自己："思想与行动是什么关系？"如果行动和观念之间有分裂，那么行动就是不完整的。有没有一种行动，思想瞬间看清事实并立刻行动，因而并不单独存在行动所依据的一个想法或者观念？有没有一种行动，看到本身即是行动——思考本身即是行动？我发现思想滋生了恐惧和快乐；我发现只要有快乐，就会有痛苦，进而会抗拒痛苦。我非常清楚地看到了这一点，这份看清本身就是即刻的行动。这份看清之中会用到思想、逻辑和非常清晰的思考，然而这份看清是即刻发生的，行动也是即刻发生的——因此就从恐惧中解脱了出来。

我们是在彼此交流吗？慢慢来，这个问题很难。请不要那么轻易就说是这样的。如果你说是这样的，那么当你离开这个会堂的时候，你必定已经摆脱了恐惧。你说是这样的，那只不过是确认你已经从字面上、从智力上理解了，而那根本毫无意义。你和我今天早上在这里探究恐惧的问题，当你离开会堂时，你必须彻底从恐惧中解脱了出来。也就是说你是一个自由的人、一个不一样的人了，你发生了彻底的转变——不是明天，而是现在。你非常清楚地看到是思想滋生了恐惧和快乐，你发现我们所有的价值观都基于恐惧和快乐——道德的、伦理的、社会的、宗教的、精神的。如果你洞察了其中的真相——而要看到其中的真相，你就必须格外警觉，理智地、健康地、清醒地观察思想的一举一动——那么那份洞察本身即是全然的行动，因而你彻底脱离了它。否则，你就会说：

"明天我如何才能摆脱恐惧？"

问： 难道没有自发的恐惧吗？

克： 你会把那叫作恐惧吗？当你知道火会灼伤，当你见到一座悬崖，从那里跳开是恐惧吗？当你见到一头野兽、一条蛇，你会后退，那是恐惧吗？还是说那是智慧？那种智慧也许是惯性制约的结果，因为你受制于悬崖的危险，因为如果不那样的话，你就会坠崖，你的生命就到头了。你的智慧告诉你要当心，那智慧是恐惧吗？然而，当我们把自己划分成各个国家、各个宗教组织时，那是智慧在运作吗？当我们划分了你和我、我们和他们，那是智慧吗？这种划分会招来危险，会分裂人类，会引发战争，在这种划分中运作的是智慧还是恐惧？这里运作的是恐惧，不是智慧。换句话说，我们割裂了自己，我们的一部分在必要时会智慧地行动，就像避开悬崖或驶过的巴士那样；但是，我们还不够智慧，还看不到国家主义的危险、人与人之间分裂的危险。所以我们的一部分——非常小的一部分——是智慧的，而我们的其余部分不是。只要有分裂，就必定会有冲突，就必定会有痛苦；冲突的本质就是我们自身的分裂和矛盾。那种矛盾并不是要被整合起来。我们特殊的倾向之一就是我们必须整合自己。我不知道那究竟是什么意思。是谁要去整合两个分裂的、对立的特性？因为，那个整合者本身不就是分裂的一部分吗？然而，当你看到了它的全部，当你毫无选择地洞察到它，分裂便不复存在了。

——选自《鹰的翱翔》，伦敦，1969 年 3 月 16 日

是什么导致了关系的混乱？

如果我们彼此之间没有关系，恐惧就会出现。一个人支配另一个人，他们要么分开，要么只在床上相遇。所以我们与彼此过着一种残酷的生活。你难道没有经历这些吗？而我们以怎样的方式才能带来持久的秩序——而不是一天有序，第二天又是混乱的？是什么导致了关系中的这种矛盾？是什么带来了你、你的妻子或丈夫以及你的孩子之间的这种分裂？分裂就是混乱。那么，是什么导致了我们关系中的混乱，无论是最亲密的还是不太亲密的关系？你可曾思考过这个问题？

——马德拉斯，1979 年 1 月 7 日

恐惧就是时间

　　我们应该一起来探讨一下恐惧，因为它是我们生活的一部分，也许是我们生活中的主要部分。恐惧的肇因是什么？不是会造成恐惧的客体，也不是这个词所唤起的东西。你明白吗？这个词也许会引发恐惧，"恐惧"一词也许会唤起恐惧，但是当你没有那个词，而只是观察你叫作恐惧的那个反应时，它的根源是什么？这需要大量的探索，而我希望你愿意探究这个问题。恐惧就是时间。我这就来探讨这一点。恐惧是时间中的运动。所以让我们首先来认真地审视时间是什么。时间是日升日落，太阳升起和太阳落下之间的间隔是时间。跨越从一点到另一点的距离需要时间，你从这里回家需要时间。这需要时间，无论是一小会儿还是一个小时。所以存在物理时间。学习一门语言，学会开车，需要花时间。如果你想成为一名飞行员，那需要花费数月，等等。所以说存在物理时间。同时还有心理时间：我将会成为，我将会变成；我是个小职员，但有朝一日我会成为经理；我很愚昧，但有朝一日我会开悟。也就是说，我是这个，我要成为那个。这就是心理时间。

既有物理或钟表时间，又有心理时间，也就是说："我现在这样，但我将来不会这样。我还活着，但我会死去。这是一个漫长的时间段。我现在十五岁，但有一天到我八十岁的时候就会死掉。"这是那个长长的时间段的运动，也就是心理时间。同时还有未来这样的时间。我现在有份工作，但我可能会失去那份工作；我跟我妻子眼下在争吵，但有朝一日我们会幸福地在一起。所以存在过去、现在和未来这样的时间。所有的过去和未来都包含在当下一刻，所以未来和过去都存在于当下。我是所有过去的产物，现在稍做修改，而未来就是现在。除非我为我的脑细胞带来一场彻底的突变，或者说，除非发生那样一场突变，否则我将来还会是现在的样子。所以现在就是过去和未来，这些都包含在当下。这就是时间。

时间和恐惧有什么关系？大多数人都很恐惧，有不计其数的各种恐惧：害怕黑暗，害怕死亡，害怕生活，害怕你也许会失去你所拥有的，害怕你的妻子或者丈夫。还有对你拥有的东西的恐惧，对老去和死亡的恐惧。所以全世界的人类都怀有巨大的焦虑，那也是恐惧的一部分：焦虑无法取得成就，焦虑自己无法自然地行事，焦虑别人会对你做什么，等等。这些都是恐惧的一种形式。那么恐惧和时间有什么关系？我们应该修剪恐惧的枝叶，一个个地修剪，还是应该处理恐惧的根本？你明白我的问题吗？我可能害怕我的妻子，或者我可能害怕黑暗，我希望那个特定的问题得到解决。但是，我还有其他恐惧的问题，我有的不止一个。我还害怕我的大脑会退化，害怕神不给我我想要的，除非我去参拜某个特定的寺庙。

所以恐惧和时间有什么关系？还有，恐惧和思想有什么关系？我害怕如此之多的东西，但我想了解恐惧的根源，因为如果我能了解、看清恐惧的特性、本质和结构，那么它就结束了。然而，如果我只修剪枝叶，那么恐惧就会继续。所以我们关心的不是如何除掉恐惧，那是我们的谬论之一。但是，如果我们能够深入地探索、研究恐惧的本质，那么我们就能够彻底摆脱它。如果你探究它，并且追问自己，那么你也许就能彻底摆脱恐惧，进而各种神明将不复存在。当人摆脱了所有恐惧，他就不再需要安慰，不再需要奖赏，他不再寻找某种会帮助他的东西。恐惧是人类背负了一百万年的重担。所以让我们来探究它。

我们说过时间是恐惧的一个因素。回忆里有一个曾经带来恐惧的事件，它被记录在了大脑里。那个记忆如今依然还在，而现在我有了恐惧。于是那个记录想起了恐惧的事实，根据过去我就认出了恐惧。对一个过去导致了恐惧的事件的知识，被记录在了大脑里，就像记录在了一盘磁带上。所以大脑有了对恐惧的知识，所以知识就是恐惧。探究这一点，看到它的美，然后你就会明白其中的含义。当恐惧在当下生起，记忆插足进来说："是的，我知道那是恐惧。"也就是说，是你已有的对恐惧的知识在说："那是恐惧。"所以知识本身就变成了恐惧。而"恐惧"一词可能也会助长恐惧。所以知识就是词语，而那个词会导致恐惧。所以，你能不能看着恐惧，能不能有一种对恐惧的观察，不带着对其他恐惧的知识，于是能够感知恐惧而没有知识的活动？

所以恐惧就是知识即过去的活动，而那个知识就是时间。所以恐惧也是思想的一部分：我明天也许会死，我可能会丢了工作，我是这个，但我要变成那个——这些都是思想的活动。"明天"是时间，思想说："我可能会失业。"思想和时间都是知识的活动。所以大脑能否不记录？你奉承了我，大脑立刻把它记录下来。或者你侮辱了我，大脑也会记录。它是一部一直在不停记录的机器。而这些变成了我们的知识，我们根据那些知识来行动。现在，如果你奉承我，而大脑却不记录，我就不会说你是我最好的朋友。如果你侮辱我，也不记录。此时，会造成恐惧的知识就没有存在的必要了。但是我必须具备用来写信、做事的知识。如果我是个会计，我必须具备知识。但是有没有可能不在心理上记录？你明白吗？搞清楚这是不是可能——也就是说，大脑看到了这个事实，进而解除了自身的制约。

所以恐惧是时间和思想的活动，而知识本身就妨碍了我们看到新鲜、清新的东西。然而，如果你能够看着恐惧，就好像它第一次出现，那么它就是某种截然不同的东西了，它是一种反应，一种身体和内心的反应。所以恐惧，恐惧的根源，是时间和思想的活动。但是，如果你懂得了时间以及思想的本质和结构，不是从智力上，而是真正懂得——那就意味着探究并彻底熟悉思想和时间的运动，也就是恐惧的根基——那么，因为你是如此全神贯注，那份关注就会把恐惧燃烧殆尽。

——马德拉斯，1984 年 1 月 1 日

与恐惧的事实共处

玛丽·津巴李斯特[①]：有一个话题你谈过很多次了，但它总是反复出现在人们的问题和脑海中，那就是恐惧这个主题。你想谈谈这个问题吗？

克： 这是一个相当复杂的问题。它真的需要大量的探索，因为它是如此微妙、如此多样。它也很真实，尽管我们把它变成了一个抽象的概念。既存在恐惧的事实，也存在恐惧的概念，所以我们必须非常清楚我们谈的是什么。你和我坐在这里，在当下这一刻，我们并不害怕，没有忧虑感，也没有危险。此刻没有恐惧。

所以恐惧既是一个抽象概念——是一个概念、一个词——也是一个事实。首先这两个我们都来看一看。我们为什么通常会把事物抽象化？我们为什么看到了某个真实的东西之后就把它变成一个概念？是不是因

[①]　以下简称为津巴李斯特。——中文版编者

为概念比事实更容易把握？还是说，理想就是我们所受的制约？或者我们所受的教育就是跟概念而不是跟事实打交道？为什么会这样？为什么全世界的人类都跟抽象的概念，跟应当如何、必须如何、将会如何等等打交道？存在一整个观念化和意识形态的世界，无论是基于马列主义的共产主义意识形态，还是所谓自由企业的资本主义观念，或者整个宗教概念、信仰、观点的世界，还有制造了那些东西出来的神学家们。为什么各种观念和理想变得格外重要？从古希腊人开始，甚至在古希腊人之前，观念就已经盛行了。而如今观念和理想还在离间人类，并且带来了各种战争。为什么人类的大脑要这样运作？是不是因为它们无法直接处理事实，所以狡猾地逃避到了观念中？观念实际上是非常具有分裂性的因素，它们带来了摩擦，它们划分了团体、民族、派别、宗教等等。观念、信念、信仰，都是基于思想的。而事实——不是对于事实的观点，也不是被变成事实的观点——究竟是什么？

津巴李斯特：恐惧的事实是什么？

克：真正的恐惧就是那个事实，而不是它的抽象概念。如果能脱离抽象概念，那么我们就能处理事实了。但是，如果它们两个总是同时并行，它们之间就会有冲突。也就是说，想法、观念会支配事实，事实有时候又会支配想法，这两者之间会有冲突。

津巴李斯特：大多数人都会说，恐惧的事实是恐惧那种非常痛苦的感受。

克：现在我们来看看这个事实，而不是恐惧的概念。我们来看恐惧这个千真万确的事实，与这个事实共处，而这需要内心非凡的纪律。

津巴李斯特：你能否描述一下与恐惧的事实共处究竟是怎么回事？

克：那就像是手捧一件珠宝，艺术家精雕细刻的一件作品，这件非同寻常的珠宝就出自他手。你看着它，你不谴责它，你不说"多美啊"，然后带着一些说法走掉，而是你看着这件由一双巧手、由灵巧的手指和头脑制作出的非同寻常的东西。你观察它，你看着它。你转动它，观察它的各个侧面，前前后后左左右右地看它，你都舍不得放手。

津巴李斯特：你是说，你只是非常敏锐地、非常细致地、非常小心地感受它。

克：非常小心，就是这样。

津巴李斯特：但是你能感受它，因为它是一种情感。

克：当然。你感受到那种美，感受到那件珠宝精致的构造、色泽、光亮等等。所以我们能否那样来面对恐惧的事实、那样看着它，不逃避，不说"哦，我不喜欢恐惧"，然后变得紧张、担忧，压抑它或者控制它、拒绝它，也不躲到另一个领域中？我们可以这样做，只是跟那个恐惧待在一起。然后恐惧就成为一个真正的事实，它就在那里，无论你有没有意识到。即使你把它藏得特别特别深，它还是在那里。

然后我们可以非常小心、非常谨慎地问：恐惧是什么？为什么人类经历了这场非同寻常的进化，却依然和恐惧生活在一起？它是某种可以通过手术切除的东西吗，就像对待疾病或者癌症那样？它是某种可以被采取措施的东西吗？那就意味着有个存在体可以对它采取措施。但那个存在体本身就是一个试图对恐惧做些什么的抽象事物。那个存在体是不真实的，真实的是恐惧。而这需要非常仔细的关注，不陷入自己的抽象概念里："我在观察恐惧"，或者"我必须排除或者控制恐惧"等等。

所以我们看着那个恐惧，而就在看着恐惧、观察恐惧的行动中，我们开始发现恐惧的根源、恐惧的来龙去脉是什么。因为"观察恐惧"这个事实本身就是看清它是如何产生的，而不是分析或者解析。那种非常密切、细致入微的观察会揭示出恐惧的内容，内容就是它的根源、开端和肇因——因为只要有个原因，就会有个结果。原因从来就不可能有别于结果。所以在观察中、在观看中，前因后果就被揭露了出来。

津巴李斯特：你所说的那个肇因似乎并不针对某个恐惧、某个特定的恐惧？你说的是恐惧本身的肇因。

克：是恐惧本身，而不是各式各样的恐惧。你瞧我们是如何把恐惧拆解的。这是我们传统的一部分：引出恐惧的一个碎片，进而只关心一种类型的恐惧——不关心整棵恐惧的大树，而是只关心它一根特定的枝条，或者一片特定的叶子。恐惧的整个本质、结构和特性——在对它非常细致的观察、观看中，就揭示出了前因后果——不是你通过分析找到了原因，而是那份观察本身就显露了其肇因，也就是时间和思想。你这么表达起来很简单，每个人都会接受原因是时间和思想。如果没有时间和思想，恐惧也将不复存在。

津巴李斯特：你可以对这一点稍稍展开一些吗？因为大多数人都认为有某种东西——我怎么表达才好——他们没有看清未来并不存在，他们认为"我现在害怕"是有原因的，他们没有发现其中涉及了时间因素。

克：我认为这很简单。当我说："我害怕是因为我以前做过某件事"，或者我以前有过痛苦，或者有人伤害了我，我不想再受到伤害了，这里面就有时间。这一切都是过去、背景，也就是时间。而且还有未来，也就是说，我现在是这样的，但我会死掉。或者我可能会失业，或者我妻子会生我的气，等等。所以存在这种过去和未来，而我们就困在这两者的夹缝中。过去与未来有关，未来并不是与过去分开的东西；存在一种从过去到未来、到明天的调整活动。所以这就是时间：这种运动，即过去是我以前的样子，未来是我将要成为的样子，也就是一直在不停地成为什么。而这也是一个可能为恐惧肇因的非常复杂的问题。

所以时间是恐惧的基本因素，这一点毋庸置疑。我现在有份工作，我现在有钱，我头上有片瓦遮顶，但是明天或者几百个明天之后，那些可能都会从我手中被夺去——因为一次事故、一场火灾或者因为没有保险。那些都是时间因素。同时，思想也是恐惧的因素。思想：我过去活着，我现在活着，但我将来也许就不在了。思想是有限的，因为它基于知识。知识始终是累加而成的，而可以被添加的东西始终是有限的，所以知识是有限的，所以思想是有限的；因为思想基于知识、记忆等等。

所以思想和时间是恐惧的核心因素。思想与时间是分不开的，它们是一体的。这些是事实。这就是恐惧的肇因。这是一个事实——不是一个观点，不是一个抽象概念——思想和时间是恐惧的根源，它们是同一个东西。

所以一个人随后问道：我如何才能停止时间和思想？因为他的意

图、他的愿望、他的渴求就是从恐惧中解脱出来。于是他困在了自己想要解脱的欲望中，而没有去看其中的因果，没有非常仔细地、寂然不动地观察。观察意味着一种寂然不动的头脑状态，那就像是非常仔细地观察一只鸟，就像今天早上我们观察窗台上的一只鸽子，它所有的羽毛，红色的眼睛，眼中的亮光，尖尖的嘴巴，头部的形状，还有翅膀。你非常仔细地观察的东西，不仅会揭示出你所观察对象的肇因，而且会揭示出它的结束。所以这种观察真的极其重要，而不是问如何终结思想，或者如何摆脱恐惧，或者思想的含义是什么，以及所有复杂的细枝末节。我们在不带任何抽象概念地观察恐惧，恐惧就是当下的事实。当下包含了所有时间，也就是现在包含了过去、未来和现在。所以我们可以非常仔细地聆听这些话，不仅仅用耳朵聆听，而且要聆听词语并超越词语，看清恐惧真实的本质，而不只是读到关于恐惧的说法。此时观察变得如此惊人的美丽、敏锐和活跃。

这些都需要一种非同寻常的关注，因为关注中没有自我的活动。我们生活中的自私自利正是恐惧的根源。这种自我感以及我的兴趣、我的幸福、我的成功、我的失败、我的成就，我是这个，我不是——这整个自我中心的观察，连同它所有的恐惧、烦恼、沮丧、痛苦、焦虑、渴望和悲伤，这一切都是自私自利，无论是以上帝之名、以祈祷之名，还是以信仰之名。它就是自私自利。只要有自私，恐惧以及恐惧的所有后果就在所难免。然后我们再来问：有没有可能生活在这个自私自利占据主导的世界上？在极权主义世界和资本主义世界，自私自利都占据了主导。在等级化的天主教世界，在所有的宗教界，自私自利都占据了主导。他们是在无止境地延续恐惧。尽管他们谈论和平地活在地球上，但他们实际上并不是认真的，因为自私自利，连同对权力、地位、成就等等的欲望，正是破坏性的因素。它不仅在破坏世界，也在摧毁我们自身大脑具有的非凡能力。大脑具有惊人的能力，这种能力表现在科技上它们所做的那些不可思议的事情当中。可我们却从未把这种惊人的能力运用到内心，用来摆脱恐惧、终结悲伤以及了解爱、慈悲以及随之而来的智慧是什么。我们从不搜寻、探索那个领域，我们被这个世界以及它所有的苦难牢牢囚禁。

——与玛丽·津巴李斯特的对话，

布洛克伍德公园，1984 年 10 月 5 日

审视快乐

你在观察你自己大脑的运作、你自己心灵的运作。你在亲自探索你思考的方式、你感受的方式，探索你的恐惧，为此你必须同时思考快乐的问题，因为它们是同一个硬币的两面。

恐惧、欲望和时间这整个运动就是你，这就是你的意识。你无法逃避你的意识，你就是它。所以要与它共处。当你与它共处，对它付出你全部的注意力，就像把强光照在一个黑暗的东西上，它就驱散了恐惧的整个结构。而考虑恐惧时我们也要考虑快乐，因为快乐也会带来痛苦和恐惧。我们大多数人总在寻求快乐——性快感，或者智力上的快乐；奉献的快乐，那不过是浪漫主义；或者声名鹊起的快乐，以及诸如此类的东西。我们总是在寻求快乐，而终极的快乐当然就是大梵天或者捏造出来的另一个神明。神明并没有创造出你，让你过一种悲惨的生活，而是我们制造了神明。思想制造了它，然后我们膜拜思想的造物，这就变得太愚蠢了。

　　所以我们必须审视快乐。野心、占有、禁欲以及性带来的快乐。什么是快乐？人为什么追求它？快乐的运动是怎样的？你看到了一场美丽的日落，那么灿烂辉煌，一道辉光横跨天际，有着不可思议的美和愉悦。如果你曾经用你的全部身心观看过一场日落，你会看到那是一幅令人叹为观止的景象，就如同清晨时候的景象一样。前些天我们看过一次日出。一弯残月和启明星一同挂在天上，清澈的辉光洒在水面上和积雪覆盖的群山上，那时有一种浩瀚的美，没有哪个画家、哪个诗人能够描绘。这其中就有一种愉悦，这种愉悦被记录在了大脑里。然后那种快乐被记起，我们希望那种快乐能够重来。但重复的就不再是快乐了，它变成了对快乐的记忆。它不再是对那轮残月的初始感知了，还有清澈的天空上低垂的那颗孤星，和水面上粼粼波光的美。那种回忆是快乐，它已经不在感知发生的那一刻了。在看到的那一刻是没有快乐的，有的是那个东西。但它被记录了下来，然后有了对它的回忆，那种快乐就是回忆，进而有了重复那种快乐的需求。

　　当你看到白雪覆盖的山峰之美，以及与之辉映的清澈蓝天，那一刻是没有快乐的，只有那种无限、那种辉煌、那种壮丽。随后，当你想让它重来的时候，快乐就开始了。重复意味着回忆、思想和时间。恐惧的情况也是一样。我看到了昨天早上发生的那件事的全过程，我还想让它再来一次。恐惧和快乐完全是一模一样的运动过程。所以我们的心、我们的存在受困于奖励和惩罚这两者当中。这就是我们的生活，这就是我、你、自我，它生活在、植根于时间、思想、快乐、恐惧、奖励和惩罚当中。如果你做正确的事，天堂就在那里，如果你不做，你就下地狱！同样的事情在一遍又一遍地重复。

那么，刚才所说的话只是一个抽象概念、一个观念吗？还是你自己看清了你的心是如何工作的，你的大脑是如何运转的？你有没有看到这个真相：思想、时间是恐惧的根源，就像它们也是快乐的根源一样？所以它们都是一回事。你发现了恐惧就是快乐。你有没有看到这个真相，进而摆脱了恐惧？然后自由就到来了，你就拥有了力量和活力来抗争世界上的所有这些丑陋。

——新德里，1981 年 11 月 1 日

恐惧可以被连根拔起吗？

问：一个人如何才能消除内心潜伏的恐惧的种子？恐惧你谈过好几次了，但无论是面对恐惧还是把它连根拔起，都是不可能的。是不是还有另外一个因素能够起到消除它的作用？一个人能对此做些什么吗？

克：提问者问是不是还有另外一个因素，可以消除、铲除恐惧的根源。我们可以一起探索和研究一个非常严肃、非常复杂的问题吗？恐惧自远古以来就与人类形影不离，而且显然到现在我们还没有解决它。我们日复一日背负着恐惧的重担，直到我们临死的那一天。那份恐惧可以被彻底地连根拔起吗？

提问者说，他试过几种不同的方式，但不知怎的它就是消失不了。有没有另外一个因素可以帮助根除它？

我们能不能看着我们的恐惧，不仅是身体上的恐惧，还有害怕损失、害怕不安全、害怕失去自己孩子的恐惧——离婚时出现的那种不安全感——以及害怕无法实现目标的恐惧？恐惧的形式多种多样。害怕没人爱，害怕孤独，害怕死后会怎样，害怕天堂和地狱——你知道各种诸如此类的东西。人害怕如此之多的事情。那么，我们，我们每个人，能不能有意识地、敏感地觉察我们自己的恐惧？我们知道自己的恐惧吗？恐惧的也许是失业、没钱、死亡等等。我们能不能首先看着它，不试图消除它、克服它、超越它，而只是观察它？能不能有意识地观察我们的各种恐惧或者其中的一个恐惧？还有休眠的、根深蒂固的、无意识的恐惧潜藏在我们的内心深处。这些休眠的恐惧能不能在此刻被唤醒并加以审视？还是说，它们只能出现在一场危机、一次打击、一些激烈的挑战中？我们能否唤醒恐惧的整个结构？不只是有意识的恐惧，还包括集结在无意识的、灰暗的大脑深处的那些恐惧？我们能这么做吗？

首先，我们能不能看着我们的恐惧？我们又是如何去看它的？我们要如何面对它？假设我很害怕我无法得到拯救，除非被某个圣人拯救。这个根深蒂固的恐惧存在了两千年，我甚至都没发现那个恐惧。它是我传统的一部分，我所受制约的一部分：我无能为力，但是那个别人、那个外在的力量将会帮助我、拯救我。拯救我，我都不知道把我从哪里拯救出来，但那不重要！这是一个人恐惧的一部分。当然还有对死亡的恐惧，那是终极的恐惧。我能不能观察我某个特定的恐惧，不引导它、塑造它、战胜它，也不试图将它合理化？我能不能看着它？而我又是如何观察它的？我是作为一个在向内看的局外人来观察它的呢，还是我把它作为我的一部分来观察？恐惧与我的意识是分不开的，它并非某种在我之外的东西。恐惧是我的一部分，显然如此。所以，我能不能观察恐惧，而没有观察者与被观察者之间的分裂？

我能不能观察恐惧，却没有思想在恐惧和说"我必须面对恐惧"的存在体之间制造的分裂？能不能只是观察恐惧而没有那种分裂？那可能吗？你瞧，我们所受的制约、训练和教育，我们的宗教野心，都指出那两者是分离开来的——我有别于不是我的东西。我们从未认识到或者接受这个事实：暴力与我们是分不开的。我认为那也许就是我们为什么无法摆脱恐惧的因素之一，因为我们总在对恐惧采取措施。我们总是对自己说："我必须除掉它"，"我要拿它怎么办？"所有的合理化和探究，似乎都认为恐惧是某种与探究者、与那个探究恐惧的人分开的东西。

所以我们能不能观察恐惧而不带着那种分裂？也就是说，"恐惧"

这个词并非恐惧本身。同时也要看到是不是这个词造成了恐惧——就像"共产主义者"这个词对很多人来说是一个非常可怕的词一样。所以，我们能否看着那个叫作恐惧的东西而不带着那个词，同时去探明是不是那个词制造了恐惧？

接下来，有没有另外一个因素，它不仅仅是观察，而且会带来或者拥有能够消除恐惧的能量，它拥有如此巨大的能量，乃至恐惧将不复存在？你明白吗？恐惧是不是一件缺乏能量、缺乏注意力的事情？如果它是缺乏能量，那么我们如何才能自然而然地遇到这股能够彻底驱散恐惧的惊人的活力和能量？

能量也许就是那个没有恐惧感的因素。你知道，我们大多数人都在不停地被某事占据的过程中耗费了我们的能量：如果你是一个家庭主妇、一个商人、一个科学家、一个野心家，你会一直被占据着。而我认为，这种占据也许是，实际上也是一种能量的耗费。就跟没完没了地被冥想所占据、没完没了地被"有没有上帝"所占据的人一样。你知道有各种各样的占据。这种占据、担忧、挂虑，难道不是一种能量的浪费吗？如果一个人害怕，他说："我一定不能害怕，我该怎么办？"等等，这也是另一种形式的占据。只有一颗从各种占据中解脱出来的心才能拥有巨大的能量。这或许便是能够驱散恐惧的因素之一。

——欧亥，1981 年 5 月 12 日

恐惧从来都不真实

9 月 14 日

恐惧是存在的，但它从来都不真实，它的出现要么先于要么后于活跃的当下。如果恐惧存在于活跃的当下，它还成其为恐惧吗？它就在那里，不存在对它的任何逃离、任何回避。在那里，在那真实的当下一刻，在身体或心理危险出现的那一刻，对它全然关注。当全然的关注存在，恐惧便不存在。但漫不经心这一事实则会滋生恐惧。当存在对事实的回避或抗争，恐惧便会生起，此时那逃离本身便是恐惧。

恐惧以及它众多的形式——内疚、焦虑、希望、绝望——存在于关系的每个活动中，存在于对安全感的每一次追寻中，存在于所谓的爱和崇拜中，存在于野心和成就中，存在于生与死之中，存在于身体事实和心理因素之中。防御、抵抗和拒绝发源于恐惧，对黑暗的恐惧和对光明的恐惧，对离去的恐惧和对到来的恐惧。恐惧起始于并终结于想要内在与外在安全感的欲望、想要确定和永恒的欲望。人通过各种渠道追求永恒的延续性：在美德中，在关系中，在行动中，在经验中，在知识中，在外在与内在的事物中。寻找并获得安全感是人们永无止境的渴望。正是这份经久不息的欲求衍生了恐惧。

但是，无论外在还是内在，永恒存在吗？外在或许有几分可能性，但即使那个方面也是值得怀疑的，战争、革命、进步、意外和地震无处不在。人必须有食物、衣服和住所，这对所有人来说都是需要的、必不可少的。尽管人们一直或盲目或理性地追求内在的确定性、内在的延续性和永恒，可它们究竟存在吗？不存在。对这个真相的逃离便是恐惧。没有能力面对这个真相，便会滋生各种形式的希望和绝望。

思想本身即是恐惧的源头。思想就是时间，考虑明天是快乐的还是痛苦的。如果是快乐的，思想就会追逐它，害怕它结束；如果是痛苦的，对它的回避本身即是恐惧。快乐和痛苦都会导致恐惧。表现为思想的时间和表现为感受的时间引发了恐惧。只有对思想、对记忆和经验机制的了解才能止息恐惧。思想即是意识的整个运作过程，包括外显的和隐藏的；思想不仅仅是思考的对象，也包括思想本身的起源。思想不仅仅是信仰、教条、观念和逻辑，也包括这些得以生发的那个中心。这个中心即是所有恐惧的源头。然而，存在的是对恐惧的经验，还是对恐惧根源的觉察从而思想灰飞烟灭？身体上的自我保护是理智的、正常的、健康的，但其他任何形式的内在的自我保护都是抗拒，它必定会积累和增强力量，也就是恐惧。但这种内在的恐惧把外在的安全变成了一个阶级、威势和权力的问题，因而竞争性的残酷无情便在所难免。

当思想、时间和恐惧的这整个过程被看清，而不是作为一个观念、一个智力模型，那么恐惧便彻底止息了，无论是有意识的还是隐藏的恐惧。自我了解即是对恐惧的唤醒和终结。

当恐惧止息，进而滋生错觉、幻想和假象及其希望和绝望的力量也止息了，只有此时，一种超越了意识，也就是超越了思想和感受的运动才会发生。那是对隐藏在最深处的希求和欲望的清空。然后，当发生了这种彻底的清空，当出现了绝对的、真正的一无所有，没有影响，没有价值，没有边界，没有语言，此时，在那种时空的全然静止中，那无法命名之物便会出现。

9 月 15 日

这是一个美丽的夜晚，天空明澈，尽管城市灯火通明，但漫天星斗依然明亮可见。尽管这座高塔被来自方方面面的灯光所淹没，你依然能够看见远处的地平线，片片灯火洒在低处的河面上。尽管车水马龙的喧嚣从未停歇，但这依然是一个宁静的夜晚。冥想悄悄降临在你身上，就像波浪漫过沙滩。那不是头脑能够用记忆之网捕捉的冥想，那是某种让整个头脑毫无抵抗地臣服的东西。那是一种远远超越了所有公式和方法的冥想；方法、公式和重复会破坏冥想。在那种运动中，它把一切都囊括其中：星辰、天籁、水的静谧与绵延。但是冥想者并不存在；冥想者、观察者必须止息，冥想才能发生。对冥想者加以粉碎，也是冥想；但是，当冥想者不在了，就会出现一种截然不同的冥想。

这是一个时间尚早的清晨，猎户座正从地平线升起，而昴星团几乎就在头顶上。城市的喧嚣安静了下来，这个钟点所有的窗子都没有灯光，此时有一阵清爽宜人的微风吹过。全然的关注中不存在经验。漫不经心中存在经验，正是这种漫不经心积累了经验、滋生了记忆、建立了抵抗的围墙，正是这种漫不经心增强了自我中心的行为。漫不经心就是专注，那是一种排除、一种切断；专注只知道分心和约束与控制带来的无尽冲突。在漫不经心的状态中，对于任何挑战的每一个反应都是不恰当的；这种不恰当就是经验。经验导致了不敏感，钝化了思维机制，加厚了记忆的围墙，因而习惯和例行公事成为常态。经验、漫不经心不会带来解放。漫不经心是缓慢的腐朽。

全然的关注中不存在经验，没有一个在经验的中心，也没有一个经验在其中得以发生的边界。关注不是专注，专注会导致狭隘和局限。全然的关注只会囊括，绝不会排除。肤浅的关注是漫不经心；全然的关注囊括了表面的和隐藏的部分，囊括了过去以及它对现在的影响、它走向未来的活动。所有的意识都是偏颇的、有限的，而全然的关注囊括了意识以及它的局限，因而能够打破那些边界和局限。所有的思想都受到了制约，而思想无法解除它自身的制约。思想就是时间和经验，它实质上正是漫不经心的产物。

什么能带来全然的关注？任何方法、任何体系都办不到，它们只能带来它们承诺的一个结果。而全然的关注并非一个结果，正如爱也不是；它无法被引发，它无法由任何行为带来。全然的关注是对漫不经心的结果的否定，但这种否定并不是已经知道何为关注之后产生的行为。虚假的必须被否定，但并不是因为你已经知道了什么是真实的；如果你以前就知道了什么是真实的，虚假就不会存在。真实并非虚假的反面，爱并非恨的反面。因为你懂得恨，所以你不懂得爱。对虚假的否定，对不关注的否定，并不是想要实现全然关注的欲望的产物。见假为假，见真为真，并且看清虚假之中隐含的真相，并非比较的结果。见假为假，即是关注。当存在观点、评估、判断、执着等等这些不关注的产物，便无法见假为假。看清不关注的整个结构便是全然的关注。一颗全神贯注的心即是一颗空无的心。

他性的纯净即是它自身无限而又无法穿透的力量。今天早上它就在那里，与那片非同寻常的寂静在一起。

9 月 16 日

这是一个晴朗明亮的夜晚，天空中没有一片云。令人惊讶的是，如此美妙的夜晚会出现在城镇里，这真是一件美好的事。月亮挂在高塔的拱门之间，整个布局看起来是那么刻意而为、那么不真实。空气是如此软糯怡人，就像一个夏日的夜晚。露台上非常安静，所有思绪都消退了，冥想看起来就像一个自然随意的活动，没有任何方向。尽管如此，它还是在那里。它不知从何而来，然后进入了广袤无边、不可测度的空无，那空无中又包含了万物的精华。在那种空无中，有一种扩张的、爆发的运动，那种爆发就是创造和毁灭。爱即是这种毁灭的精髓。

无论我们探究穿越恐惧，还是探究摆脱恐惧，我们的探究都不抱有任何动机。这种探索并非来自不满；不满足于一切形式的思想和感受并看清它们的意义，并不是不满。当思想和感受找到了某种形式的庇护所，成功、一个满意的地位、一种信仰等等，不满很容易就会被填满，只不过当那个庇护所被攻击、动摇或者打破的时候，不满又会被唤起。这个循环我们都很熟悉——希望和绝望。如果探索的动机是不满，那么就只会导致某种形式的幻觉，集体的或者个人的幻觉，一座有着诸多诱惑的监牢。然而，有没有一种寻求是没有任何动机的？那样的话，它还是一种寻求吗？寻求意味着有一个已经知道、感受到或者设定好的目标、结果，不是吗？如果已经设定好了，那么它就是思想的算计，思想把它所知道、所经验的一切拼凑了起来。为了找到所搜寻的目标，方法和体系就被设计了出来。那根本不是探究，那只不过是一种欲望，想要获得某个满意的目标，或者逃到某套理论或信仰的幻想和承诺中去。那不是探究。当恐惧、满足、逃避都失去了它们的意义，此时还存在寻求吗？

如果探索的所有动机都枯萎了——不满和成功的渴望都枯萎了——寻求还存在吗？如果不去寻求，意识会腐化、会变得停滞吗？恰恰相反，正是这种寻求——从一个信念走向另一个，从一个教堂走向另一个——削弱了了解"现在如何"所必需的能量。"现在如何"永远是崭新的，它绝不是过去如何，也不是将来如何。当一切形式的追寻都止息了，这股能量才可能释放出来。

9 月 17 日

这是非常炎热、令人窒息的一天，连鸽子也躲了起来，空气炽热，待在城市里真不是一件令人愉悦的事。夜晚很凉爽，肉眼可见的几颗星星闪闪发亮，连城市的灯光都无法让它们黯淡下来。它们就在那里，闪耀着一种令人惊奇的亮度。

这是充满了他性的一天，它一整天都在静静地发生，在有些时刻会突然爆发，变得非常强烈，然后又安静下来，继续静静地发生。它就在那里，裹挟着如此惊人的强度，乃至所有的活动都变得不可能，你被迫坐下来。当你半夜散步时，它也在那里，带着巨大的力量和能量。坐在露台上，城市的喧嚣不再那么显著，此时一切形式的冥想都变得不合时宜而且毫无必要，因为它无处不在而又无比强烈。那是一种至福，一切都显得相当愚蠢、相当幼稚。在这些时候，大脑总是非常安静，但绝不是昏昏睡去，这时整个身体也变得一动不动。这真是一件奇妙的事。

人的改变真是何其稀少！通过某种形式的强迫、压力，无论外在还是内在，人可以有所改变，但那实际上只是一种调整。某种影响、某句话、某个动作可以让人改变习惯的模式，但是相当有限。宣传、一份报纸、一个突发事件的确会在一定程度上改变生活的进程。恐惧和奖赏打破思维习惯，只是为了把它改造成另一种模式。一种新发明、一个新抱负、一种新信仰也确实会带来某些改变。但所有这些改变都流于表面，就像劲风吹过水面，它们不是根本的、深刻的、颠覆性的改变。所有源于动机的改变都根本算不上改变。经济革命只是一种反应，而任何因反应而来的改变都不是根本的改变，那只是形式上的改变。那种改变只是调整，是一件机械的事，是为了求取舒适、安全和单纯的物质生存。

那么什么能带来根本的突变？意识，包括外显的和隐藏的，思想、感受、经验的整个机制，都处于时间和空间的疆域之内。它是一个不可分割的整体，划分为有意识的部分和隐藏的部分，只是为了方便沟通，但这种分割并不真实存在。意识的表层可以而且也确实在调整自己、改变自己、革新自己，获取新知识、新技能；它可以改变自己适应一个新的社会模式、经济模式，但这种改变是肤浅的、脆弱的。无意识、隐藏的意识，可以并且也确实在通过梦境来提示和暗示它的冲动、它的需求、它累积的欲望。梦需要诠释，但是诠释者始终是局限的。如果醒着的时候可以无选择地觉察、了解每一个飞逝而过的想法和感受，就不需要做梦；然后睡眠就有了截然不同的意义。对潜意识的分析隐含了观察者和被观察之物、审查者和被评判之物。其中不仅仅存在冲突，而且观察者本身就是局限的，他的评估、诠释绝不可能是正确的，而必定是扭曲的、不恰当的。所以自我分析或者他人所做的分析，无论多么专业，也许会带来某些肤浅的改变、对关系的某种调整等等，但分析无法带来意识的根本转变。分析无法转变意识。

9 月 18 日

傍晚的阳光洒在河面上，也洒在长长的林荫道两侧秋天的褐色树叶上。各种缤纷的色彩热情地燃烧着，狭长的水面像是着了火。人们沿着码头排了一条长长的队，等着去坐游船，河边的汽车发出了恼人的噪音。在炎热的日子里，大城市几乎让人无法忍受，天空万里无云，太阳炙热无情。但是今天早上很早的时候，猎户座还在头顶上，河边只有一两辆车经过，那时露台上有一种静谧，有一种头脑和心灵完全开放的、近乎死亡的冥想。保持彻底的开放、彻底的敏感，就是死亡。此时死亡没有一个角落可以藏身，只有在思想和欲望的阴影下、密室中，死亡才能藏身。但是，对于一颗在恐惧和希望中枯萎的心来说，死亡一直如影随形；当思想在等候和窥视，死亡便无所不在。公园里有一只猫头鹰在呼叫，那是一种很欢快的声音，在一大清早清晰可闻。它不时地来来去去，似乎也很喜欢自己的声音，因为它并没有收到任何回应。

冥想打破了意识的疆界，它打破了思想的机制和思想唤起的感受。受困于方法、受困于奖赏和承诺体系中的冥想，会戕害和抑制能量。冥想是能量的充分释放，而控制、训诫和压抑会破坏那股纯洁的能量。冥想是热烈燃烧、不留一丝灰烬的火焰。词语、感受、思想总是留下灰烬，而依赖灰烬为生正是这个世界的运转方式。冥想是一种危险，因为它会摧毁一切，不留下任何东西，连一丝欲望的呢喃都不会留下，而在这浩瀚的、不可测度的空无中，就有创造和爱。

继续进行分析，无论是个人的还是专业的，都不会带来意识的突变。任何努力都无法转变它，努力就是冲突，而冲突只会加固意识的围墙。

任何道理，无论多么符合逻辑、多么合理，都无法解放意识，因为道理是影响、经验和知识锻造而成的观念，而这些都是意识的产物。当看清这一切都是虚假的，都是错误的通往突变的方法，对虚假的否定就清空了意识。真理没有对立面，爱也一样；追求对立面不会通往真理，只有否定了对立面才可能通达真理。如果否定是希望或者求取的结果，否定便无法存在。只有任何奖赏或交换都不存在时，否定才能存在。只有当摒弃的行为中没有任何所得，摒弃才能存在。否定了虚假就从肯定者及其对立面中解脱了出来。肯定者是包含了接受、服从、仿效的权威和包含了知识的经验。

否定即是独立于世，独立于所有的影响、传统和欲求，以及随之而来的依赖和执着。独立就是否定局限和背景。意识所依存的框架就是它的局限，无选择地觉察这种局限并彻底否定它，就是独立。这种独立并非隔绝、孤独和闭门造车。独立并非脱离生活，恰恰相反，它是彻底脱离冲突和悲伤，脱离恐惧和死亡。这种独立就是意识的突变，是彻底转变既存的事实。这种独立即是空无，它并非一种肯定的存在状态，亦非不存在的状态。它是空无，在这团空无的火焰中，心灵变得年轻、清新和纯真。纯真本身即可接收到那永恒的、崭新的、在不停摧毁自己的事物。

摧毁即是创造。若没有爱，摧毁便无法存在。

越过肆意扩张的城镇，是大片的田地、树林和群山。

9 月 19 日

未来存在吗？存在已经规划好的明天，有些事必须去做；还有后天，也有各种事情要去做；还有下一周、下一年。这些无法改变，也许可以略做调整或者大加修改，但那许多个明天就在那里，它们无法被否定。另外还有空间，从这里到那里，或远或近，以公里计算的距离，两个存在体之间的空间，思想电光火石间即可跨越的距离，还有到河对岸和遥远月球的距离。还有跨越某个空间、某个距离的时间，过河的时间；从这里到那里，需要时间来跨越那个空间，这也许会花一分钟、一天或者一年。这种时间是依据太阳、依据钟表而来的，时间是用来到达的手段。这是相当简单并且显而易见的。除了这种机械的、顺序的时间之外，还存在一个未来吗？有没有一种达成，有没有一种目标，为了实现它是需要时间的？

一大清早一群鸽子就在屋顶上咕咕叫，它们整理着羽毛，互相追逐着。太阳还没升起，有几片淡淡的云散落在天空上，它们还没染上颜色，车辆的喧嚣也尚未开始。在惯常的噪音响起之前，还有大把的时间。这些围墙的背后是一片花园，那里的草地不许人踩踏——当然，除了鸽子和几只麻雀。昨天晚上，草地一片翠绿，惊人地绿，而花儿们也明艳无比。在其他的所有地方，人们都忙于自己的各种活动和没完没了的工作。那座高塔被建造得坚固而又精致，它**矗**立在那里，很快就被明亮的灯光所淹没。青草看起来是那么容易枯萎，花儿们也会凋谢，因为秋天已无处不在。但是远在鸽子们来到屋顶上、露台上之前，冥想已然是一种喜悦。这种狂喜没有任何因由——喜悦若是有个原因就不再是喜悦了；它就在那里，思想无法捕捉它，无法把它变成记忆。它太过强烈与活跃，乃至思想无法玩弄它，因而思想和感受变得非常安静、寂然不动。它一波叠一波地涌来，它是一个活生生的东西，没什么能容下它，然而有了这种喜悦，也就有了至福。它完全超越了所有的思想和欲求。

存在所谓的达成吗？要达成就意味着会身陷悲伤和恐惧的阴影中。内心存在一种达成、一个要去实现的目标、一个要去得到的结果吗？思想设定了一个目标：上帝、极乐、成功、美德，诸如此类。但思想只是一种反应，而记忆和思想的反应会滋生时间，用来跨越"现在如何"与"应当如何"之间的距离。那个"应当如何"、那个理想是字面上的、理论上的，它没有真实性。真实的东西没有时间，它没有要实现的目标，没有要旅行的距离。事实是真实存在的，其他的一切都不是。如果不对理想、成就、目标死去，事实便无法存在；理想、目标是对事实的逃避。事实没有时间，也没有空间。那么此时还有死亡吗？确实存在一种衰萎，物质有机体的机能会衰退、会破旧不堪，这就是死亡。但那是不可避免的，就像这支铅笔的铅芯会磨光一样。那是导致恐惧的原因吗？还是因为这个变成、求取、成就的世界的消亡？那个世界没有真实性，那是一个虚幻的、逃避的世界。事实、"现在如何"，跟"应当如何"有着天壤之别。"应当如何"涉入了时间和距离、悲伤和恐惧。这些东西消亡了，就只剩下事实，只剩下"现在如何"。对"现在如何"来说，未来根本不存在。滋生了时间的思想，不能对事实动手动脚。思想无法改变事实，它只能逃避事实。而当所有逃避的冲动都消亡了，事实就会发生一场巨大的突变。但是思想，也就是时间，必须消亡。当思想即时间不在了，那么事实、"现在如何"还在吗？当时间即思想被摧毁，没有了去往任何方向的运动，没有要去跨越的距离，就只剩下空无的寂静。这就彻底摧毁了时间——时间就是昨天、今天和明天，就是对延续和成为的记忆。

然后存在就摆脱了时间，只有活跃的当下，而那个当下不属于时间。

那是没有思想疆域和感受边界的关注。词语是用来交流的，但词语、符号本身没有任何意义。生活始终属于活跃的当下，而时间始终属于过去，因而属于未来。时间的消亡就是活在当下。只有这种生活是不朽的，而不是意识之中的生活。时间就是意识中的思想，而意识受困于它自身的框架之中。恐惧和悲伤始终遍布于思想和感受的罗网之中。悲伤的终结即是时间的终结。

9 月 23 日

天气炎热而且相当压抑，即便在花园里也是如此。如此炎热的天气已经持续了很久，这很不寻常。一场豪雨和凉爽的天气将会万分怡人。花园里有人在给草地浇水，尽管炎热少雨，青草依然葱翠闪亮，花儿们也艳丽耀眼。花丛中有几棵树，处在凋零期，因为冬天即将来临。鸽子遍布各处，羞涩地躲避着孩子们，有些孩子在追逐它们取乐，鸽子们知道这一点。红红的太阳挂在沉闷、凝重的天空上，四周没有任何色彩，除了花儿和青草。那条河也变得晦暗而又慵懒。

这个时刻的冥想便是自由，就像是进入了一个美丽而又安宁的未知世界。那是一个没有意象、符号或者语言，也没有记忆涌动的世界。爱是每一分钟的死去，每次死去都是爱的新生。它不是执着，它没有根基；它毫无缘由地绽放，它是一团火焰，可以烧毁意识精心搭建的边界和藩篱。它是超越思想和感受的美，它无法被组装在画布上、在词语中或者大理石中。冥想即是喜悦，随之而来的是一种至福。

每个人都是多么渴望权力，金钱、地位、能力和知识带来的权力，这真是一件非常怪异的事。获得权力的过程中有冲突、困惑和悲伤。隐士和政客、家庭主妇和科学家都在追求它。为了得到它，他们不惜杀害和摧毁彼此。苦修者通过克己、控制、压抑来获得那种权力；政客则通过他的语言、能力、聪明来得到那种权力；妻子凌驾于丈夫之上或者丈夫支配妻子，来感受这种权力；取得或者让自己承担上帝的责任的牧师，熟知这种权力。每个人都在追求这种权力，要么就希望与或神圣或世俗的权力扯上些关系。权力滋生了权威，随之而来的是冲突、困惑和悲伤。权力会腐化拥有它的人，会腐化那些接近它或者追求它的人。牧师和家庭主妇的权力，领袖和高效的组织者的权力，圣人和地方政客的权力，都是邪恶的；权力越大，就越邪恶。它是每个人都患有、珍视并膜拜的一种疾病。但是随之而来的永远是无尽的冲突、困惑和悲伤。但是没人愿意否定它、摒弃它。

与它相伴而来的是野心、成功，以及变得受人尊敬并广为接受的一种无情。每个社会、每个寺庙和教堂都保佑着它，因此爱受到了扭曲和败坏。同时嫉妒被大为推崇，而竞争被认为是道德的。但随之而来的是恐惧、战争和悲伤，可是没有人愿意把它抛在一旁。否定一切形式的权力，就是美德的开端；美德是清明，它可以抹除冲突和悲伤。那股腐化的能量，连同它无休止的狡猾行为，总是不可避免地带来伤害和苦难；它没有尽头，无论如何借助法律或者道德规范来改革它、约束它，它总会暗中自发地找到自己的出路。因为它就在那里，藏在一个人思想和欲望隐秘的角落里。正是这些必须被审视和了解，倘若想让冲突、困惑和悲伤统统消失的话。每个人都必须去做这件事，不借助他人，也不借助任何奖惩的体系。每个人都必须觉知他自身结构的机理。看清现实，即是对现实的终结。

随着这种权力及其困惑、冲突和悲伤的彻底终结，每个人都面对着真实的自己：一堆记忆和愈演愈烈的孤独。对权力和成功的渴望是对这种孤独和这堆记忆灰烬的逃避。若要超越，你就必须看到它们、面对它们，不以任何方式逃避它们，不借助谴责或者对事实的恐惧来逃避。只有在逃避事实、逃避"现在如何"的行为中，恐惧才会出现。你必须完全地、彻底地、自发地、轻松地摈弃权力和成功，然后，在面对、观察和无选择的被动觉察中，灰烬和孤独就有了截然不同的意义。与某种东西共处就是爱上它而又不执着于它。与孤独的灰烬共处，就必须有巨大的能量，而当恐惧不复存在时，这股能量才会到来。

——选自《克里希那穆提笔记》，巴黎，1961 年 9 月

了解思想

　　活在恐惧中的生活是一种黑暗而又丑陋的生活。我们大多数人都以各种不同的方式心存畏惧，我们应该来审视一下心灵能否彻底摆脱恐惧。没人愿意摆脱快乐，但我们都希望摆脱恐惧。我们没有发现两者是如影随形的，它们都由思想所维系。这就是为什么"了解思想"是非常重要的一件事。

　　我们有各种恐惧：害怕死亡，害怕生活，害怕黑暗，害怕我们的邻居，害怕我们自己，害怕失去工作，害怕不安全，还有隐藏在内心深处的那些无意识层面的恐惧。心有没有可能——而且不借助分析——摆脱恐惧，于是它能够真正自由地享受生命？不是去追求快乐，而是享受生命？只要恐惧存在，那就是不可能的。分析能驱散恐惧吗？还是说，分析是麻痹心灵的一种形式，妨碍了心灵摆脱恐惧？也就是通过分析来麻痹。分析是智力上的娱乐形式之一。因为分析中有分析者和被分析对象，无论分析者是一名专家，还是你就是分析者。只要进行分析，分析者和被分析者之间就会存在分裂，进而会有冲突。而且分析需要花时间，你花费数天、数年的时间——这就给了你一个拖延行动的机会。

你可以没完没了地分析整个暴力的问题，为它的原因寻找各种解释。你可以阅读关于暴力起因的大量著作。这些都要花时间，而与此同时你享受着自己的暴力。分析意味着分裂和拖延行动，因而分析带来了更多的冲突，而不是更少。同时分析隐含了时间。一颗观察此中真相的心摆脱了分析，进而能够直接处理暴力，也就是"现在如何"。如果你观察自身的暴力，通过恐惧、通过不安全感、通过孤独感、通过依赖、通过断绝快乐等等而产生的暴力，如果你觉察到这些，完整地观察它，不做分析，那么你就拥有了所有的能量，那些能量之前为了超越"现在如何"通过分析被耗费掉了。

我们所处的社会传递给我们的、我们从过去继承来的这些根深蒂固的恐惧，如何才能被暴露无遗，于是心可以彻底地、完全地摆脱这件可怕的事？通过分析梦境可以实现吗？我们可以非常清楚地看到分析的荒谬。那么通过解梦你能摆脱暴力吗？

你究竟为什么要做梦？尽管专家们说你必须做梦，否则你就会疯掉。你为什么要做梦？当你的心白天一直不停地活动，然后到了晚上它没有得到休息，它就无法获得一种焕然一新的品质。只有当你的心彻底安静地睡去，完全一动不动，它才能让自己新生。分析梦境是不是另一个我们轻易就接受了的谬论？做梦是我们白天的活动在睡眠中的延续，然而你要在白天就带来秩序——但不是根据一幅蓝图而来的秩序，也不是根据社会架构或者宗教条规而来的秩序，那不是秩序，那是遵从。只要有遵照、服从，就不会有秩序。只有当你观察到醒着的时候你自己的生活是多么混乱，秩序才会到来。通过观察混乱，秩序就会到来。而当你白天的生活中有了这样的秩序，做梦就变得完全没有必要了。

　　所以，你能否观察恐惧的整体，观察它的根源、它的肇因？还是说你只观察它的枝叶？心能否观察、觉察、全然地关注恐惧，无论是隐藏在内心深处的，还是表现在日常的外在经验中的恐惧？——比如害怕昨天的痛苦今天还会再来，或者明天还会再来，或者害怕失去工作，害怕外在和内在的不安全感，还有对死亡的终极恐惧。恐惧的形式是如此多样。我们是应该切断每一根枝条，还是应该抓住、解决恐惧的整体？心有能力从整体上观察恐惧吗？我们习惯于处理恐惧的片段，我们关心的是片段，而不是恐惧的整体。观察恐惧的整体，就要在每一个恐惧出现时即对它全然关注。如果你愿意，你可以邀请恐惧，然后完整地、全然地看着你的恐惧，而不是作为一个观察者去看。

你知道，我们是作为一个观察者去看愤怒、嫉妒、羡慕、恐惧或者快乐的。我们希望除掉恐惧或者追逐快乐。所以总是有一个观察者、一个看的人、一个思考者，所以我们看着恐惧就好像我们是从外面在往里看。那么你能否观察恐惧而不带着观察者？请紧扣这个问题：你能否观察恐惧而不带着观察者？观察者就是过去。观察者依据过去认出了那个它叫作恐惧的反应，把它命名为恐惧。所以他总是根据过去来看现在，因而观察者和被观察者之间就有了分裂。所以，你能否观察恐惧，没有过去也就是观察者对它的反应？

我解释清楚了没有？你瞧，如果你侮辱了我或者奉承了我，那些都是积攒起来的记忆，也就是过去。而过去就是观察者，就是思考者。如果我用过去的眼睛去看你，我就无法清新地看到你。所以我永远无法恰如其分地看到你，我只能用已经被腐蚀、被钝化的眼睛去看你。所以你能否观察恐惧而不带着过去？也就是说不命名恐惧，根本不用"恐惧"

这个词，而只是观察就好？

当你完整地观察恐惧——只有当没有观察者也就是过去时，那种全然的关注才可能发生——此时意识的全部内容即恐惧就完全消散了。

既有外来的恐惧，也有内在的恐惧。比如害怕我儿子在战争中被杀。战争是外在的，科技发明制造出了如此可怕的毁灭工具。而我的内心执着于我的儿子，我爱他，我一直教育他服从他所处的社会，而社会让他去杀人。所以我接受了恐惧，既包括内心的，还有这件被叫作战争的毁灭性的事，它将会杀死我儿子。可我却把这叫作对我儿子的爱！这是恐惧。我们建立了一个如此腐化、如此邪恶的社会，它只关心贪得无厌地占有和消费主义。它不关心世界和人类整体的发展。

你知道，我们没有慈悲。我们有一大堆知识、一大堆经验。我们在医学上、技术上、科学上可以做很多不可思议的事，但我们完全没有任何慈悲。慈悲意味着对所有人类、动物和自然的热爱。可是如果心存恐惧，如果心一直在不停地追逐快乐，又怎么可能有慈悲呢？你想控制恐惧，把它埋入地下，同时你也想要慈悲。你什么都想要。可你无法拥有它。只有当恐惧不在了，你才能拥有慈悲。也正因为如此，了解我们关系中的恐惧，才显得如此重要。当你能够观察那种反应而不加命名，恐惧就可以被彻底根除。对它的命名本身就是过去的投射。所以思想维系并追逐快乐，思想也给了恐惧力量——我害怕明天会发生什么，我害怕丢了工作，我害怕死亡到来的时刻。

所以思想要对恐惧负责。而我们就活在思想里，我们的日常活动基于思想。那么思想在人与人的关系中有什么地位？如果它有一席之地，那么关系就是一场例行公事，就是一种机械的、日常的、毫无意义的快乐与恐惧。

——旧金山，1973 年 3 月 11 日

探明恐惧的存在

克里希那穆提：如果我是一个认真的人，我会想弄清楚为什么有那么多有意识以及无意识的恐惧。我问自己为什么会有这种恐惧，它的核心因素是什么？我在试着说明如何进行探索。我的心说：我知道我害怕——我怕水，怕黑；我害怕某个人；我害怕撒了谎被人发现；我希望自己高大、美丽，但我不是这样的，所以我害怕。我在探究。所以我有很多恐惧。我知道有些深层的恐惧我甚至都没看到，另外还有一些表层的恐惧。现在我想把隐藏的和显露的恐惧都搞清楚。我想探明它们是如何存在的，它们是如何产生的，它们的根源是什么。

那么我如何才能一探究竟？我在一步步地探究这个问题。我如何才能搞清楚？只有当我的心发现了活在恐惧中不仅是神经质的，而且是非常具有破坏性的，我才能探明真相。心必须首先看到它是神经质的，而神经质的活动会继续，并且是破坏性的。同时看到一颗恐惧的心永远不可能诚实，一颗恐惧的心会发明出各种经验、各种东西来攀附。所以我必须首先完全看清：只要有恐惧，苦难便在所难免。

那么，你看清这一点了吗？这是第一个问题。这是第一条真理：只要有恐惧，就会有黑暗，而在黑暗中无论我做什么，都依然是困惑的。我是不是非常清楚地、完整地而不是局部地看到了这一点？

问：我接受这一点。

克：不存在什么接受，先生。你接受你活在黑暗中吗？好吧，接受它然后活在里面吧。无论走到哪里，你都背负着那片黑暗，那么就活在黑暗中吧，满足于此吧。

问：还有更高级的状态。

克：更高级的黑暗状态？

问：从黑暗进入光明。

克：你瞧，这又是一种矛盾。从黑暗到光明是一种矛盾。拜托，不是那样的，先生。我在试着探索，而你在妨碍我跟你说明这件事。

问：这是分析。

克：这不是在借助分析。先生，请务必听听这个可怜的家伙要说的话。他说，我知道、我发觉、我意识到我有很多恐惧：隐藏的和表面的、身体上的和心理上的。我也知道，只要我在那个领域内生活，困惑就在所难免。无论我做什么都无法厘清那种困惑，除非我从恐惧中解脱出来。这是显而易见的。现在这一点明确了。然后我对自己说，我看到了这个真相：只要有恐惧，我就必定会活在黑暗中——我可以称之为光明，以为我会超越它，但我还是依然背负着那种恐惧。

那么下一步——不是分析，只是观察——心能够进行审视吗？我的心能够审视、能够观察吗？让我们紧扣观察。认识到了只要恐惧存在，就必定会有黑暗，那么我的心能够观察恐惧是什么，以及那种恐惧的深度吗？而观察的含义又是什么？我能否观察恐惧的全部运动，还是说只观察它的一部分？心能否观察恐惧的所有本质、结构、运作和活动，观察它的整体，而不仅仅是它的片段？我所说的整体，并不是想要超越恐惧，因为那样的话我就有了一个方向，我就有了一个动机。哪里有动机，哪里就会有方向，所以我就不可能看到整体。如果存在任何想要超越或者合理化的欲望，我就不可能观察整体。

我能否没有任何思想活动地观察？请务必听听这一点。如果我透过思想活动来观察恐惧，那么它就是局部的、模糊的、不清晰的。所以我能否观察这份恐惧，观察它的全部，而没有任何思想活动？不要急着跳过去。我们只是在观察。我们不是在分析，我们只是在观察这幅极其复杂的恐惧的地图。当你看着这幅恐惧的地图，如果你有任何方向，你就只是在局部地观察它。这点很明显。当你想超越恐惧，你就没在看那幅地图。所以，你能否看着恐惧的地图而没有任何思想活动？不要回答，慢慢来。

也就是说，当我观察时，思想能否终止？心在观察时，思想能否安静下来？然后你会问我：思想怎样才能安静下来，对吗？这是一个错误的问题。我现在关心的是观察，而只要存在思绪的任何运动或飘扬、思想的任何波动，那种观察就被阻挡了。所以我的注意力——请注意听——我的注意力完全放在了那幅地图上，因而思想没有进入其中。当我全神贯注地看着你，外面的任何东西就都不存在了。你明白吗？

因此，我能否看着这幅恐惧的地图，丝毫没有思想的涌动？

——萨能，1974 年 7 月 31 日

我们为什么忍受恐惧？

我们从小到大都在受伤。压力无所不在，被奖励和惩罚的感觉无所不在。你对我说了些让我生气的话，那就伤害了我——对吗？所以我们认识到了一个非常简单的事实：我们从小到大都在受伤，我们余生都背负着那种伤害——害怕进一步受伤，或者努力不再受伤，而那是另一种形式的抗拒。所以，我们有没有觉察到这些伤害，同时也觉察到我们因此在自己周围建起了一道壁垒，一道恐惧的壁垒？我们能否探讨一下恐惧这个问题？可以吗？不是为了我自己高兴，因为我所谈的正是你。我们能否非常非常深入地探究这个问题，看看为什么人类，也就是我们所有人，忍受了恐惧几千年？我们明白恐惧的各种后果——害怕不被奖励，害怕做人失败，害怕你的弱点，害怕你觉得自己必须实现某个结果可是却做不到。你对探讨这个问题感兴趣吗？那意味着把它完完全全探究到底，而不是只说一句"抱歉，太难了"就完了。如果你真想那么做，那就没什么太大的困难。"困难"一词妨碍了你采取进一步的行动。但是，如果你能抛开那个词，你就可以探究这个非常非常复杂的问题了。

首先，我们为什么忍受恐惧？如果你有一辆车出了问题，如果可以，你就会去最近的修理厂，然后把机器修整好，然后再继续上路。是不是因为我们没人可以投靠，没人可以帮助我们消除恐惧？你明白这个问题吗？我们是不是希望别人来帮助我们摆脱恐惧——这个别人就是心理学家、心理治疗师、精神病医生、牧师或者古鲁，他们说："把一切臣服于我，包括你的金钱，然后你就完全没问题了"？我们就是这么做的。你也许会笑，你也许会被逗乐，但我们的内心一直就在这么做。

我们是不是希望得到帮助？祈祷是一种帮助，祈求从恐惧中解脱是一种帮助，讲话者告诉你如何摆脱恐惧，也是一种帮助。但他是不会告诉怎么办的，因为我们是在一起同行，我们正付出精力亲自探索恐惧的肇因。如果你非常清楚地看到了某件事情，你就不必决定、选择或者寻求帮助——你会行动——对吗？我们有没有看清恐惧的整个结构和它内在的本质？你一直心存恐惧，然后对它的记忆回来说：那就是恐惧。

所以我们来仔细地探究这个问题——不是讲话者来探究然后你表示同意或者不同意，而是你也和讲话者一起踏上征程，不是从字面上或者智力上，而是去研究、去探索、去探究。我们是在探明真相，我们要进行的探究，就像是你在花园里挖坑，或者是为了找到水源。你会深挖下去，你不会站在外面的空地上说："我必须找到水源。"你会深挖或者去河边打水。所以，首先我们要非常清楚：为了摆脱恐惧，你是不是希望得到帮助？如果你想得到帮助，那么你就要对树立权威、领袖或牧师负责。所以，在我们探讨恐惧这个问题之前，你必须问问自己你是否希望得到帮助。当然，如果你有病痛、头痛或者某种疾病，你得去找医生。对于你的身体机能，他知道得更多，所以他能告诉你怎么办。我们谈的不是那种帮助。我们谈的是你是否需要这种帮助：别人指导你、引领你，并且说，"这么做，那么做，日复一日，你就会摆脱恐惧。"讲话者并不是在帮助你。这是一件毫无疑问的事，因为你有太多的帮助者了，从最伟大的宗教领袖——但愿不会！——到最底层的、可怜的、随处可见的心理医生。所以让我们双方都明确这一点：讲话者不想在心理上以任何方式帮助你。恳请你接受这一点好吗？诚实地接受这一点好吗？不要说好的；这其实很有难度。你毕生都在各个方面寻求帮助，尽管有些人会说："不，我不想得到帮助。"要看清对帮助的需求对人类都做了什么，需要的不仅仅是外在的感知。只有当你感到困惑，当你不知道该怎么办，当你不确定的时候，你才会寻求帮助。但是，当你把事情看得清清楚楚——看、观察、感知，不仅仅从外在，更多的是从内在——当你把事情看得非常非常清楚，你就不会想得到任何帮助了；它就在那里。从那里就会产生行动。

对此我们达成共识了吗？如果你不介意，我们再来说一遍。讲话者并不是在告诉你如何去做。永远不要问"如何"这个问题，因为那样的话就一直会有人来给你一根绳子。讲话者不会以任何方式帮助你，而是我们一起走在同一条路上，也许速度稍有不同。设定你自己的速度，然后我们就可以并肩前行了。

恐惧的原因是什么？请慢慢来。原因——如果你能发现原因，那么你就能对它采取措施，你就可以改变它，对吗？如果医生告诉讲话者他得了癌症——实际上他没有——但是假设医生那么告诉我，然后说："我很容易就可以切除它，然后你就没事了。"我就去找他。他切除了它，然后原因就终止了。所以原因总是可以被改变、被根除的。如果你头痛，你可以找到它的原因：也许是你饮食不当，也许是烟酒过度。你要么可以戒烟戒酒等等诸如此类，要么你就吃颗药来停止头痛。然后那颗药就产生了效果，也就是暂时停止了那个肇因，对吗？所以因果总是可以被改变的，要么立刻改变，要么你花时间慢慢来。如果你花时间慢慢来，那么在那个时间段里，其他的因素就会进入。所以你永远也改变不了结果，你延续着那个原因。这一点我们相互理解了吗？

那么恐惧的原因是什么？我们为什么没有探究它？既然知道了恐惧的结果、恐惧的各种后果，我们为什么还要忍受它？如果你内心毫无畏惧，根本没有丝毫恐惧，你就不会有各种神明，你就不会有崇拜的符号、仰慕的伟人。届时你就可以从心理上获得不可思议的自由了。恐惧令人畏缩、忧虑、想要从中逃避，因而逃避变得比恐惧更加重要。你明白吗？所以我们要一起思考，来发现恐惧的原因是什么——它的根源是什么。如果我们亲自发现了它的根源，那么它就完结了。如果你看到了其中的来龙去脉或者诸多原因，那份洞察本身就终结了那个原因。你是在听我、听讲话者来解释此中的来龙去脉吗？还是说，你甚至从来都没有问过这样一个问题？我一直背负着恐惧，就像我的父辈、祖辈一样，我所生所长的整个种族、整个社群都是如此；神明和仪式的全部架构都奠基于恐惧和想要实现某个非凡境界的欲望。

所以，我们来探究一下这个问题。我们所谈的不是各种形式的恐惧——怕黑，害怕自己的丈夫、妻子，害怕社会，怕死等等。恐惧就像一棵有许许多多枝叶、花朵和果实的大树，但我们谈的是那棵树的根本。它的根源——而不是你特定形式的恐惧。你可以追踪你特定的恐惧形式，直到触及它的根本。所以我们要问：我们关心的是我们的各种恐惧，还是整体的恐惧？是不是关心整棵树，而不只是它的一个枝条？因为除非你清楚那棵树是如何生长的，它所需要的水分、土壤的厚度等等，否则只是修剪枝叶完全无济于事；我们必须一探恐惧的根本。

那么恐惧的根源是什么？不要等我来回答。我不是你的领袖，我不是你的帮助者，我也不是你的古鲁——谢天谢地！我们并肩而行，就像两个兄弟一样，讲话者是认真的，这并非只是说辞。就像两个由来已久相互了解的好友，以相同的速度走在同一条路上，看着你周围以及你内心的一切，我们就这样一起来探究这个问题。否则就只是说辞而已，到最后你会说："说到底，我要拿我的恐惧怎么办？"

恐惧非常复杂，它是一种非同寻常的反应。如果你能意识到它，会发现它是一种打击，不仅从生理上、身体上，而且也是对大脑的一种打击。大脑有一种能力——这是我发现的，而不是听别人说的——尽管遭受了打击，但它依然能保持健康。我并不了解是怎么回事，但打击本身就会触发它的自我保护。如果你自己探究这个问题，你就会明白。所以恐惧是一种打击——或短暂或持续，形式各异，表现各异，渠道各异。因此我们要一直追溯到它最深的根源。要了解它的根源，我们就必须了解时间，对吗？昨天、今天、明天这样的时间。我记得我以前做过的事，对此我感到羞愧、紧张、忧虑或者恐惧；我记得那一切，然后它持续到了未来。我曾经愤怒、嫉妒、羡慕——那是过去。现在我依然嫉妒，只是已经稍加调整；我现在对事很大度，但嫉妒还在继续。这整个过程就是时间，不是吗？

你认为时间是什么？是依据钟表、日出、日落、晚星、新月以及两周后出现的满月而来的时间吗？时间对你来说是什么？是你从这里回家要花的时间吗？这些都是表现为距离的时间，对吗？我必须从这里到那里，这是由时间跨越的距离。但时间也是内在的、心理上的：我是这个，我必须成为那个。"成为那个"被称为进化。进化意味着从种子成长为大树。它也意味着我很无知，但是我会学习；我还不知道，但是我会知道的。给我时间来摆脱暴力。你明白吗？给我些时间，给我几天、一个月或者一年，我会摆脱它的。所以我们依赖时间为生，不只是每天朝九晚五去办公室上班——但愿不致如此！——而且还有要成为什么的时间。时间，时间的运动，这些你都明白，对吗？我以前怕你，我记得那种恐惧；那种恐惧依然在那里，我明天还会怕你。我希望不会，但是如果我不对它采取某种激进的措施，我明天还会怕你。所以我们靠时间活着。拜托，我们得清楚这一点。我们靠时间活着，也就是说，我现在活着，但我会死掉。我会尽可能把死亡往后推迟；我还活着，我要千方百计避免死亡，尽管它是在所难免的。所以生理上、心理上我们都依赖时间而活。

时间是不是恐惧的一个因素？请探究一下。时间——也就是，我说了谎话，我不想让你知道；但你很聪明，你看着我说："你说谎了。""不不，我没有"——我立刻就会捍卫自己，因为我害怕你发现我是个骗子。我害怕是因为我过去做过的事，我不想让你知道。那是什么？是思想，对吗？我做了一件事，我记住了它，然后那个记忆说：当心，别让他发现你说谎了，因为你有个老实人的好名声，所以要保护你自己。所以思想和时间是一体的，它们之间没有分别。请明确这一点，否则到后面你会觉得很困惑。恐惧的肇因、恐惧的根源就是时间／思想。

时间，也就是过去，连同一个人做过的所有事情，和思想——无论是否令人愉快，尤其是不愉快的情况——就是恐惧的根源，这一点我们是不是清楚了？这是一个显而易见的事实，一个非常简单的文字事实。但是要超越词语并看清其中的真相，你就必然会问：思想如何才能停止？这是一个很自然的问题，不是吗？如果是思想制造了恐惧——显然如此——那么我要如何停止思考？"请帮助我停止我的思想。"要是问这样一个问题我就是个蠢蛋，但我就是这么问的：我要如何停止思考？那可能吗？继续探究，先生，别都让我来。思考，我们依赖思考活着。我们做的每一件事都要借助思想。前几天我们仔细探讨了这个问题。我们今天就不再浪费时间细说思考的肇因和开端了，以及它是如何产生的——始终有限的经验、知识、记忆，然后就有了思想。我只是在简要地复述一下。

那么，有没有可能停止思考？有没有可能不再一整天都喋喋不休，让大脑休息一下，尽管血液会供应给它，尽管它有自己的节奏、自己的活动？它自己的活动，而不是思想强加给它的——你明白吗？

请容我指出那是一个错误的问题。谁是那个要停止思考的人？依然是思想，不是吗？当我说："如果我能停止思考就好了，那样我就没有恐惧了"，谁又是那个希望停止思想的人？依然是思想，因为它还想要别的东西，不是吗？

那么，我们该怎么办？任何想要偏离事实的思想活动，都依然是思考。我贪婪，但我一定不能贪婪——那依然是思想。思想一手造就了教堂里上演的所有繁文缛节、所有把戏。就像这个帐篷一样，它是由思想精心建造的。显然思想是我们存在的根本。所以我们问的是一个非常严肃的问题，我们也已经看到了思想的所作所为，它发明了最为非凡的东西：电脑、战舰、导弹、原子弹、外科医学，它也让人类做了各种事情，登上月球等等。思想就是恐惧的根源，我们看到这一点了吗？不是如何终止思想，而是实实在在地看清思想，也就是时间，正是恐惧的根源。不是看到那些说辞，而是真真正正地看清这一点。当你有了剧痛，那种疼痛与你并无不同，你立刻就会行动，对吗？那么，你有没有看清思想就是恐惧的肇因，就像你看到那座钟、看到讲话者、看到坐在你身边的朋友一样清楚？请不要问："我如何才能看清？"一旦你问如何，有人就会忙不迭地来帮你，然后你就会成为他们的奴隶。但是，如果你自己看清了思想／时间实际上就是恐惧的根源，就完全不再需要深思熟虑或者做出决定。蝎子有毒，蛇有毒———看到它们你就会行动。

所以我要问：我们为什么看不到？我们为什么没看到战争的根源之一就是国家主义？我们为什么没看到，一个人叫作穆斯林而另一个人叫作基督教徒——我们为什么为名字而战、为宣传而战？我们是不是看到了这一点，还是只是记住了或者在思考这一点？你知道，先生们，你的意识就是其他人类。人类，比如你和其他人，都经历了各种麻烦、痛苦、辛劳、焦虑、孤独、沮丧、悲伤和快乐——每个人都经历了这些——全世界的每个人。所以我们的意识、我们的存在就是整个人类。事实就是如此。我们是多么不愿意接受这样一个简单的事实，因为我们是如此习惯于个体性——"我"字当先。但是，如果你看到你的意识由这个神奇的地球上的全体人类所共享，那么你的整个生活方式就会改变。争辩、劝说、压力、宣传都完全没有意义，因为必须亲自看到这个事实的正是你自己。

所以，我们，我们每个人——每个人都是其他人类，每个人就是全人类——能否看看这个非常简单的事实？能否观察、看到恐惧的肇因就是思想／时间？届时那份洞察本身就是行动，由此你便不会再依赖任何人。了了分明地看到这一点，然后你就是个自由的人了。

——选自《1985 年萨能最后的讲话》，1985 年 7 月 14 日

出处及版权声明

《恐惧对心灵做了什么?》,选自《不可能的问题》中 1970 年 8 月 3 日在萨能的对话,克里希那穆提信托基金会 ©1972 版权所有。

《逃离恐惧只会增强恐惧》,选自《不可能的问题》中 1970 年 8 月 2 日在萨能的对话,克里希那穆提信托基金会 ©1972 版权所有。

《安全感》,选自 1972 年 7 月 25 日萨能公开讲话的录音,克里希那穆提信托基金会 ©1972/1995 版权所有。

《让心灵清除恐惧》,选自《J.克里希那穆提作品集》第 13 卷中 1962 年 8 月 2 日萨能公开讲话的记录稿,克里希那穆提美国基金会 ©1992 版权所有。

《抵抗恐惧并不能终结恐惧》,选自《J.克里希那穆提作品集》第 16 卷中 1966 年 4 月 7 日罗马公开讲话的记录稿,克里希那穆提美国基金会 ©1992 版权所有。

《教育的功用在于根除恐惧》,选自《J.克里希那穆提作品集》第 8 卷中 1954 年 1 月 5 日与瓦拉纳西拉杰哈特学校学生谈话的记录稿,克里希那穆提美国基金会 ©1991 版权所有。

《直接接触恐惧》,选自《J.克里希那穆提作品集》第 16 卷中 1966 年 5 月 22 日巴黎公开讲话的记录稿,克里希那穆提美国基金会 ©1992

版权所有。

《恐惧存在于对现实的逃离中》，选自《超越暴力》中 1970 年 4 月 6 日在圣地亚哥州立大学的公开讲话，克里希那穆提信托基金会 ©1972 版权所有。

《如何应对恐惧》，选自《J. 克里希那穆提作品集》第 12 卷中 1961 年 2 月 22 日孟买公开讲话的记录稿，克里希那穆提美国基金会 ©1992 版权所有。

《恐惧和爱无法并存》，选自 1978 年 1 月 22 日孟买公开讲话的录音，克里希那穆提信托基金会 ©1978/1995 版权所有。

《时间带来了恐惧》，选自 1979 年 9 月 1 日布洛克伍德公园公开讲话的录音，克里希那穆提信托基金会 ©1979/1995 版权所有。

《看着恐惧》，选自 1984 年 8 月 26 日布洛克伍德公园公开讲话的录音，克里希那穆提信托基金会 ©1984/1995 版权所有。

《心灵究竟能否自由？》，选自《鹰的翱翔》中 1969 年 3 月 16 日在伦敦温布尔登的公开讲话，克里希那穆提信托基金会 ©1971 版权所有。

《是什么导致了关系的混乱？》，选自 1979 年 1 月 7 日马德拉斯公开讲话的录音，克里希那穆提信托基金会 ©1979/1995 版权所有。